위스키
캐비닛

100

마크 바일록 지음 ★ 정미나 옮김

품격 있는 애호가들을 위한 위스키 리스트 100

위스키
캐비닛

★ ★ ★ ★ ★

시그마북스
Sigma Books

위스키 캐비닛
품격 있는 애호가들을 위한 위스키 리스트 100

발행일 2018년 5월 10일 초판 1쇄 발행
2022년 2월 4일 초판 2쇄 발행
지은이 마크 바일록
옮긴이 정미나
발행인 강학경
발행처 시그마북스
마케팅 정제용
에디터 최연정, 최윤정
디자인 김문배, 강경희
표지 디자인 최희민
내지 디자인 엠디엠
교정·교열 신영선

등록번호 제10-965호
주소 서울특별시 영등포구 양평로 22길 21 선유도코오롱디지털타워 A402호
전자우편 sigmabooks@spress.co.kr
홈페이지 http://www.sigmabooks.co.kr
전화 (02) 2062-5288~9
팩시밀리 (02) 323-4197
ISBN 978-89-8445-981-6(03590)

The Whisky Cabinet
Your Guide to Enjoying the Most Delicious Whiskies in the World

Photographer Suresh Doss
Additional Photo Credits
Page 23, 38, 40, 45, 48: Courtesy of The Balvenie Distillery
Page 75: Gizelle Lan & Matt Mark
Page 112, 202, 207: Mark Bylok

차례

CHAPTER 8 스카치위스키

CHAPTER 9 기타 지역의 위스키들

PART 3 글을 마무리하며

EPILOGUE 어떤 위스키를 좋아하세요?

나는 위스키 세계에 50년 넘게 몸담아왔다. 열혈 애호가이자 수집가로 이 세계에 처음 발을 디뎠다가 지난 44년간은 아예 접객업 종사자로 지내왔다. 이 세계는 기호로 특징지어지는 세계다. 그것도 미각상의 감각적 기호뿐 아니라 심미적 감수성의 기호까지 아우르는 세계다.

위스키의 향, 풍미, 감각적인 복잡미묘함에 통달하려면 섬세한 감성이 요구된다. 마찬가지로 디스틸러리(증류소)의 역사와 전통, 풍미 표현, 건축감각과 설비에 대해 평가하는 문제에 있어서도 뛰어난 안목이 필수적이다.

이 책의 저자 마크 바일록의 활동을 꽤 오랜 기간 지켜봐온 사람으로서 나는 마크야말로 이 두 분야에서 두루두루 뛰어난 실력자라고 자신 있게 보장한다. 마크는 위스키 문화에 깊은 경의를 품고 있을 뿐만 아니라 위스키가 미각에 전하는 인상에 관한 한 보기 드문 감수성까지 겸비하고 있다.

『위스키 캐비닛』을 통해 마크는 독자들을 매력적인 음료의 세계로 안내하며, 위스키 수집 요령과 제대로 음미하는 방법을 이해하기 쉽게 알려주고 있다. 취향이 남다른 실력자의 이야기이니 만큼 귀 기울여 듣기를 권한다.

존 맥스웰, 토론토 소재 레스토랑 '앨런즈'의 운영자

PART 1

THE WHISKY

위스키

위스키
세계로의 초대

위스키에 관한 한 세상에는 두 부류의 사람들이 있다. 첫 모금을 마시고 잔을 내려놓는 사람들과 한 모금 더 마셔보려는 사람들이다. 당신이 현재 (아일랜드나 미국에서는 whisky가 아닌 whiskey로 쓰기도 하는) 위스키를 즐기고 있다면, 두 번째 모금을 기대하며 첫 모금의 독한 맛은 무시하게 될 가능성이 높다. 사실 위스키의 첫 모금만큼 혼란스러운 것도 없다. 그 뒤로는 입이 적응되어 압도적인 알코올의 얼얼함이 사라지고, 두 번째 모금부터는 증류된 곡물이 나무통 숙성을 거치면서 배어나온 향기와 어우러진 복잡미묘한 풍미가 차츰 음미된다. 말하자면 설탕을 태운 맛이 느껴지기도 하고, 먼 곳에서 피운 듯한 모닥불 냄새를 연상시키는가 하면, 때때로 시트러스(감귤류 과일)나 풋사과 계열의 뉘앙스가 느껴지기도 한다.

위스키는 와인과는 다르다. 와인은 대체로 첫 모금이 기분 좋고 만족스럽다. 풍미가 저절로 발산되고 잔을 빙빙 돌리면 멋진 아로마가 황홀하게 풍겨온다. 이 모두는 위스키에도 해당되는 이야기지만 위스키를 음미할 때는 잔을 돌리지 않는다. 향을 맡을 때도 숨을 깊이 들이마시지 않는다. 그보다는 천천히 머금으면서 여운을 오래 느끼는 것이 위스키를 음미하는 일반적인 방법이다.

위스키는 다른 증류주와도 다르다. 취하는 게 목적이라면 저렴하고 구하기 쉬운 술은 얼마든지 널려 있다. 가령 보드카는 대체로 풍미가 없어서 그날그날의 기분에 따라 이것저것 섞어 마시기에 이상적이다. 달콤함을 원한다면 럼이 있으니 문제없다. 럼은 위스키 못지않게 독하지만 사탕수수 부산물을 증류해 만든 까닭에 한층 달달하니 말이다.

위스키를 마실 때는 복잡미묘함이 수반된다. 물론 얼핏 보기엔 그 복잡미묘함이 혼란스럽게 느껴질 수도 있지만 그렇다고 해서 외면해서는 안 된다. 누구든 위스키를 즐길 수 있으며, 위스키에 취미를 붙이는 핵심비결은 위스키 업계가 선사하는 어마어마한 다양성을 탐험하고자 하는 마르지 않는 탐구열이다.

와인은 잘못된 선택이었다 해도 언젠간 마시게 되는 편이지만 위스키는 한번 잘못 고르면 몇 년째 선반에 묵혀두기 십상이다. 이런 이유로 위스키 애호가들은 실패할 위험이 없는 무난한 위스키 몇 종만으로 한정해서 마시는 경향이 있다. 하지만 약간의 노하우만 알아두면 세계의 맛 좋은 위스키들을 더욱 다양하게 즐기는 데 큰 도움이 된다.

천천히 머금으면서 여운을 오래 느끼는 것이 위스키를 음미하는 일반적인 방법이다.

위스키에 취미를 붙이면 기분 좋은 시간이 펼쳐진다. 불과 몇십 년 전까지만 해도 선택의 폭이 좁았지만 현재는 위스키 업계가 혁신의 물결을 맞이하면서 색다르고 흥미로운 상품들이 속속 등장하고 있다.

이러한 혁신의 물결은 지난 30년 동안 위스키 수요가 급증하면서 계기를 맞았다. 위스키 수요의 증가로 인한 몇 가지 변화는 위스키 업계에서 유서 깊은 몇몇 주자들에게 지대한 영향을 미치고 있기도 하다. 1980년대 스코틀랜드의 여러 증류소들은 경제적 요인과 스카치위스키에 대한 시들해진 관심 탓에 폐업하거나 폐업의 위기에 놓여 있었다. 그러던 중 1990년대 들어 위스키가 다시 인기를 얻으면서 반전을 맞았다. 진취적인 신생 주자들과 연륜 있는 베테랑 주자들이 되살아난 수요에 힘입어 증류소 운영을 재개하게 된 것이다. 현재 스카치위스키 업계는 숙성년수를 표기하지 않는 추세에 있는데 이는 숙성기간을 단축시켜 판매할 수 있는 상품의 양을 늘리고픈 희망에 따른 것이다.

버번위스키(이하 줄여서 '버번') 또한 대폭적인 가격인상 없이 세계적인 수요에 대응하기 위해 숙성년수를 단축시키거나 희석을 통해 알코올함량을 낮추는 방향으로 옮겨가는 추세다. 이런 도전들이 펼쳐지는 과정에서 더 어린 위스키에서 더 뛰어난 풍미를 이끌어내는 방법과 관련된 혁신적인 아이디어가 도출되고 있는가 하면, 이러한 변화로 인해 소비자들이 질 낮은 위스키에 많은 돈을 지불하게 되는 경우도 생겨나고 있다. 숙성년수 미표기NAS: No Age Statement 위스키에 대해서는 이 책 후반부에서 좀 더 자세히 설명하고자 한다. 숙성년수 미표기 트렌드가 점차 확산되면서 스카치위스키 업계의 미래가 되리라고 점쳐지고 있는 만큼 이는 충분히 살펴볼 만한 문제다.

대량생산되는 싱글 배럴 위스키(한 오크통에서 숙성시킨 원액만으로 병입된 위스키-옮긴이)를 사려면 소비자들은 일반 위스키보다 더 많은 비용을 지불해야 한다. 그렇다면 그만큼 더 많은 돈을 지불하고 마실 만한 가치가 있을까? 한편 캐스크 스트렝스 위스키, 즉 희석되지 않은 위스키는 높은 알코올함량 탓에 종종 부당하게 괄시를 당한다. 하지만 최근 위스키 시장에서 볼 수 있는 가장 큰 변화는 따로 있다. 소비자들에게 색다른 풍미를 선사하기 위해 다른 종류의 통[대체로 와인, 셰리(스페인 남부에서 생산되는 주정강화 와인-옮긴이), 포트(포르투갈에서 생산되는 주정강화 와인-옮긴이)

가 담겨 있던 통]에서의 추가숙성이다. 이런 추가숙성 위스키의 경우 나 같은 사람은 블라인드 테이스팅을 충분히 해왔기 때문에 어떤 상품이 성공작이고 어떤 상품이 실패작인지 분간할 수 있지만 일반 소비자들의 경우 주의가 필요하다.

위스키의 묘미는 섬세한 숙성 과정에 있다. 위스키는 곡물 원료의 증류주로서 재사용 혹은 새 통에서의 통 숙성을 거친다. 뿐만 아니라 다른 통에서 숙성된 원액들과 블렌딩되는 것이 일반적이다. 당신이 즐기는 그 위스키가 생산되기까지는 여러 통의 원액을 블렌딩하는 과정이 수반된다. 마스터 블렌더에게 이 과정은 오케스트라의 지휘만큼이나 복잡한 일이다. 특별한 풍미를 조합하기 위해 각각의 통에서 숙성된 원액을 섞는 등 수많은 변수들을 다뤄야 하기 때문이다. 싱글 몰트 스카치위스키든, 버번이든, 블렌디드 위스키든 간에 당신이 즐기는 그 위스키를 생산하기 위해서는 이렇게 여러 통에 담긴 원액들의 블렌딩이 이루어진다.

물론 소비자 입장에서는 그만큼 탐험할 거리가 풍부한 셈이다.

어떤 위스키를 구매하고, 어떻게 마셔야 제대로 음미하는 것인지에 대한 요령을 알아두는 일은 중요하다. 그런 의미에서 이 책에서는 가장 먼저 위스키를 음미하는 방법을 두루 살펴보려 한다. 물, 얼음, 심지어 공기에 이르기까지 위스키에 첨가되는 다양한 요소들에 대해 이야기 나누고자 한다. 그다음에는 캐스크 스트렝스, 스몰 배치, 한정판, 싱글 배럴 등등 위스키 업계 마케팅에 자주 사용되는 용어들과 그 용어들이 당신의 주머니 사정에 어떤 의미를 던져주는지 알려주고자 한다. 단지 이런 용어가 붙었다고 해서 더 많은 돈을 지불하고도 살 만한 가치가 있는 것인지 알려주겠다. 그다음으로는 위스키 생산에 바치는 열정과 위스키의 마지막 풍미에 영향을 미치는 요소들을 깊이 있게 파헤쳐보는 시간을 가질 것이다.

끝으로 위스키 업계에서 내가 개인적으로 선호하는 증류소들을 소개하며 그와 더불어 위스키 구매와 관련된 추천도 덧붙이고자 한다. 이 책에 소개되는 위스키는 대부분 100달러 이하이며, 비교적 구하기 쉬운 것들이다. 나 자신이 끊임없이 위스키를 탐험하는 사람이기도 해서 하는 말이지만 독자 여러분도 앞으로 이 책에서 얻은 정보를 무기 삼아 자신만의 안전지대를 넘어서서 탐험에 나서보길 권한다. 그러다 보면 금세 이런 말이 튀어나오게 될지도 모른다. "굉장해. 내가 왜 진즉에 이 위스키를 맛보지 않았을까?"

위스키의 묘미는 섬세한 숙성 과정에 있다.

이 책에서의 내 목표는 독한 첫 모금을 넘겼을 때 당신 스스로의 방식 그대로 위스키 음미에 도전하는 것이다. 대체로 위스키는 종류별로 일반화되어 있고, 음용법도 비슷비슷하지만 경우에 따라서는 두 가지 상품 간에 상당한 차이가 나타나기도 한다. 말하자면 모든 위스키를 똑같이 다루어서는 안 된다는 이야기다. 레드와인과 화이트와인을 똑같이 다루지 않듯 위스키도 마찬가지다. 와인의 경우엔 종류별로 다른 온도, 다른 잔에 서빙하는 일을 이상하게 여기지 않는다. 또 특별한 와인의 경우엔 최상의 맛을 위해 몇 분 혹은 몇 시간 전에 디캔팅(와인을 마시기 전 다른 용기에 옮겨 담아 침전물과 찌꺼기를 제거하고 맛을 부드럽게 하는 과정 - 옮긴이)을 하고 와인에 공기를 쐬어주는 것도 아무렇지 않게 여긴다. 와인처럼 위스키도 이런 태도로 다룬다면 얼마나 큰 기쁨을 선물해주는지 앞으로 차근차근 알아가보자. 이 책을 통해 위스키를 탐험하고, 즐기고, 함께 공감하는 시간을 갖게 되길 바란다.

왜 위스키 캐비닛인가

우리 집 거실 탁자는 툭하면 위스키 병들도 뒤덮인다. 그중 대부분은 내 돈으로 직접 구입한 것들이고, 일부는 친구들에게 선물로 받고 증류소나 증류소의 홍보대행사들이 보내오는 것들이다. 친구들이 집에 놀러올 때면 우리 집 강아지는 호기심이 발동해 쿵쿵대기 일쑤이고 그럴 때면 어쩔 수 없이 녀석을 집안 여기저기 구석으로 떠밀어 보내야 한다.

나는 이 책을 쓰는 동안 스코틀랜드와 미국 전역을 돌아다녔고, 증류소로 직접 찾아갈 수 없는 경우엔 해당 브랜드의 홍보대사와 이야기를 나누거나 그 증류소에 전화를 걸어 궁금한 점을 물어보았다.

나는 위스키의 품질조사에 관한 한 나 자신의 미각에만 의존하지 않는다. 각계각층의 다양한 사람들을 초대해 위스키 시음회도 열고 있다. 위스키에 대한 선호는 취향의 문제인 만큼 독자를 위한 글을 쓸 때는 사람들이 즐기는 위스키의 종류에 대해 폭넓은 시각을 가져야 한다.

나는 자주 친구들과 주방에 빙 둘러앉아(왜 주방이냐고 묻는다면 많은 파티가 그렇듯 친구들과 어울릴 때도 주방이 분위기를 살리는 데 중요한 역할을 하기 때문이다) 여러 가지 위스키를 맛보며 마음에 드는 점과 그렇지 않은 점을 짤막하게 적는다. 흥미롭게도 이런 식의 음주가 언제나 위스키를 마시는 가장 좋은 방법인 것은 아니다. 이따금씩은 말 그대로 깜짝 놀랄 만한 위스키를 발견하기도 하지만 풍미가 강한 여러 위스키를 내리 맛보다 보면 미묘하고 복합미가 뛰어난 위스키를 제대로 음미하지 못하고 놓칠 수 있기 때문이다.

위스키를 제대로 음미하고 싶다면 블라인드 테이스팅을 추천한다. 나는 혼자 위스키를 시음할 때면 천원숍 같은 곳에서 쉽게 구입할 수 있는 원형 유색 스티커를 활용한다. 여러 종류의 위스키들을 따르면서 각 잔의 바닥과 위스키 병에 같은 색 스티커를 붙이고 잔의 위치를 이리저리 바꿔놓은 다음 시음을 시작하는 식이다. 위스키들을 여러 조합으로 바꿔가며 여러 차례 시음을 반복한다. 가끔은 말 그대로 편견 없이 풍미를 평가해보기 위해 친구에게 내 위스키 진열장에서 아무 위스키나 가져다달라고 부탁해 노즈nose(위스키 애주가들 사이에서 향을 뜻하는 말)를 맡아본 후 시음한다. 바텐더가 있는 바에서 이 방법을 시도해보면 정말 재미있다.

나는 친구들과 시음할 때도 이런 방법을 쓴다. 시음할 때는 브랜드, 표기된 숙성년수, 가격에 판단력이 흐려지기 쉽다. 와인의 경우, 실제로 와인 전문가들도 저가 와인인 줄 모르고 깜빡 속는 경우가 많다는 사실을 보여주는 사례들이 비일비재하다. 위스키의 세계도 다르지 않다. 하지만 나는 값어치에 매달리는 애주가가 아니라 즐거움을 주는 음주를 지향한다. 누군가 한 병에 300달러인 위스키가 같은 증류소의 50달러짜리 위스키보다 여섯 배 더 좋은 위스키냐고 묻는다면 내 대답은 "아니오"다. 정말로 아니다.

위스키는 당신이 맛을 보기 위해 기꺼이 지갑을 열 만한가에 따라 값어치가 좌우된다. 사놓고 마시지 않을 거라면 한 병에 300달러짜리 위스키는 살 필요가 없다. 한 잔 따라 마실 때마다 얼마가 날아가는지 계산해보라(50밀리리터당 20달러 꼴이다!). 오히려 위스키 진열장에 100달러짜리 위스키 세 병을 진열해두고 얻게 될 즐거움이 그보다 훨씬 클 가능성이 높다. 여러 가지 다양한 위스키를 맛보는 편이 더 낫다는 이야기다. 그런 이유로 나는 친구들과 위스키를 마실 때 가격이나 라벨보다는 다양성을 중시한다.

위스키는 종종 대화의 흥미로운 주제가 되기도 한다. 이 책에는 누구든 위스키 애호가와 이야기를 나누게 될 때 유용하게 꺼내들 만한 이야깃거리들이 가득 담겨 있다. 또한 증류소를 탐방하는 코너에서는 인기 위스키 몇 종류와 최근 위스키 시장에 돌풍을 일으키고 있는 몇몇 소규모 증류소나 블렌딩업체에 대해서도 훤히 꿰게 될 것이다.

이 책의 초반부에서는 위스키 음용의 기본 원칙을 다루고 있다. 나는 위스키를 즐기는 최상의 방법에 대해 확고한 견해를 가지고 있지만 독자 여러분 중에는 그 견해에 공감하지 못하는 사람도 있을 수 있다. 그렇다 해도 적어도 물과 얼음을 섞지 않고 마시는 것이 위스키의 특정 풍미를 가장 잘 음미할 수 있는 방법이라는 주장에 대해서는 이해해주길 바란다.

나는 이 책을 통해 위스키 병에서 흔히 마주치게 되는 용어들을 설명할 것이다. 이 용어 이면에 숨겨진 의미에 대한 내 나름의 견해도 함께 들려주겠다. "어떤 위스키가 더 좋을까?" 이 질문에는 정해진 답이 없다. 당신이 기꺼이 지불할 금액에 의거해 당신에게 맞는 답이 있을 뿐이다.

위스키의 역사는 1200년대까지 거슬러 올라간다. 오늘날의 위스키 생산량을 감안하면 수백 년 전과 비교해 현재는 물류망 확보와 관련된 새로운 도전과제가 주어져 있다. 뛰어난 위스키를 생산하려는 열정만으로는 성공하기 힘들며, 경제적·생산적 도전에도 적절히 대응해야 한다는 이야기다. 이 책을 읽다보면 버번에서의 매시빌 논쟁에 대해, 스카치위스키 업계가 숙성년수 표기에서 벗어나 보다 풍미 가득한 통에서의 숙성으로 승부를 걸려는 쪽으로 트렌드가 옮겨가는 양상에 대해 알게 될 것이다. 위스키의 열혈팬이라면 자신이 즐기는 그 위스키 이면의 가치를 이해하는 측면에서 이런 부분들을 알아둘 필요가 있다.

부디 이 책을 통해 위스키에 대한 안목이 더욱 높아지고 한층 새로워지길 기대해본다.

이 책을 통해 위스키에 대한 안목이 더욱 높아지고 한층 새로워지길 기대해본다.

🍾🥃 왜 위스키인가

나는 20대 초반부터 쭉 위스키를 즐겨왔다. 그것도 몇 모금씩 홀짝이는 차원이 아니라 원샷으로 마시는 차원으로 즐겨왔다. 훌륭한 마케팅 때문이든 TV 광고 때문이든 아니면 그냥 그 위스키가 어딘가 특별해 보였기 때문이든 나는 어떤 위스키에 끌리면 한 번에 한 병씩 구매해 탐구하기 시작했다. 고가의 명품 위스키는 아니었지만 그럼에도 지출 규모가 (특히 초반엔) 내 수입을 크게 넘어서는 금액대였고, 가끔은 제2차 세계대전 시대의 물건부터 15년산 스카치위스키까지 다양하게 구매하게 되는 경우도 많았다. 그러다 점점 나이를 먹으면서 위스키를 구매할 때는 풍미를 비교하고 대조해가며 구입할 때가 많아졌다. 블라인드 테이스팅도 자주 해보게 되었다.

하지만 당시까지만 해도 내가 왜 위스키에 빠졌는지 제대로 이해하지 못했다. 그냥 좋아한다는 사실밖에는 아무것도 몰랐다. 그러던 중 위스키와 관련된 글을 쓰게 되면서부터 내가 다른 술보다 유독 위스키에 끌리는 이유에 대해 눈뜨게 되었다.

나는 일단의 셰프와 저널리스트들이 그랜트앤선즈 사로부터 일정 비용을 후원받아 스코틀랜드 여기저기를 둘러보는 탐방단의 일원으로 참여한 적이 있다. 탐방을 하던 어느 날 우리는 마스터 블렌더 데이비드 스튜어트와 한자리에 마주 앉게 되었다. 그는 탐방기간 중이던 당시 위스키 업계에 몸담은 지 어언 50주년을 맞고 있었다. 현재는 반半 은퇴해 발베니에서 파트타임으로 마스터 블렌더 일을 해주고 있지만 이전에는 1970년대 이후 그랜트앤선즈에서 출시하는 모든 상품의 마스터 블렌더 역할을 담당했다. 대다수 사람들에겐 그의 이름이 낯설겠지만 데이비드 스튜어트로 말하자면 풍미를 더하기 위해 다른 통에서 추가숙성을 시키는 방식으로 위스키의 숙성 개념에 혁신을 일으킨 스카치위스키, 발베니 더블우드를 탄생시킨 마스터 블렌더였다(발베니 더블우드의 경우 셰리를 숙성시켰던 유럽산 오크통에서 추가숙성을 거치며 더 달콤한 특징이 부여된다).

나는 위스키 시음회라면 수도 없이 참여해왔다. 시음회에 가면 대체로 시음에 참여한 우리를 자리에 앉혀놓고는 세 가지나 다섯 가지, 혹은 그 이상의 여러 위스키를 시음하게 해준다. 저널리스트들은 돈을 주고도 구하기 어려운 아주 특별한 위스키를 대접받는 경우가 많지만 일반적인 시음회에서는 시중에서 구할 수 있는 제품들이 나오는 것이 보통이다. 하지만 그 탐방에서의 시음회는 달랐다. 그날 데 이비드 스튜어트는 각각 다른 9개의 통에서 숙성된 위스키 원액을 블렌딩시킨 발 베니 툰 1401을 두 번째 시음 위스키로 내놓았다. 당시 발베니 툰 1401은 공항 면 세점에서만 구할 수 있던 위스키였다. 나는 맛을 본 후 시음노트를 적어나갔다. 그 다음으로는 발베니 툰 1401의 블렌딩에 쓰이는 원액의 통에서 직접 뽑아온 샘플 을 맛보게 해주었다. 최종 위스키를 조합하는 데 쓰이는 그 9개의 통에서 바로 뽑 아 여과되지 않은 위스키 원액 그대로를 맛보게 된 것이다.

우리는 데이비드 스튜어트 자신이 최종 제품을 내놓기 전까지 시음했던 풍미들 을 시음해볼 기회를 얻은 셈이었다. 엄밀히 따지자면 실제로 데이비드 스튜어트는 이 특별한 위스키 원액들을 선별하기까지 100통 이상의 위스키 원액을 맛보거나 냄새 맡아봤을 테지만 말이다. 아무튼 그가 최종적으로 선별한 9개 통의 원액들은 1966년과 1991년 사이 처음 통에 채워진 것들이었고, 그 통들은 위스키가 처음 채

워지는 퍼스트 필 배럴과 전에 셰리나 버번의 숙성에 쓰였던 재사용 통들이 섞여 있었다. 숙성통의 활용에 대해서는 이 책의 뒷부분에서 보다 자세히 이야기할 테지만 우선은 퍼스트 필 배럴이 풍미의 측면에서 볼 때 여러 번 재사용되는 통과 비교해 더 풍부한 풍미가 우러난다는 것만 기억해두기 바란다.

나는 9개의 통에서 뽑은 그 원액 샘플들을 맛보며 시음노트를 작성했다. 몇 가지는 원액 자체로도 상당히 좋았고, 대부분은 보통 수준이었으며, 특히 한 통의 샘플은 위스키로 분류되기 위한 알코올함량 40%에 못 미치는 탓에 엄밀히 말하자면 위스키로 인정받을 자격조차 안 되었다. 그런데 그렇게 여러 통의 샘플들을 비교하고 대조하는 사이 나는 문득 내가 위스키를 사랑하는 이유에 눈을 뜨게 되었다. 대체로 최종 위스키는 수많은 통의 원액이 공들여 블렌딩된 결과이며, 블렌딩 원액들은 그 자체로도 뛰어날 수 있지만 함께 섞일 때 환상적인 조화를 이룬다는 점 때문이었다. 비유하자면 타악기 주자가 트라이앵글을 연주하는 소리는 그 자체로는 그리 인상적으로 들리지 않지만 다른 악기들과 어우러지면 최종 교향곡에서 매우 중요한 역할을 하는 것과 비슷하다. 마찬가지로 트럼펫은 자체로도 듣기 좋지만 교향곡 내에서 무언가 특별한 역할을 펼치는 것과도 같은 이치다.

오케스트라로 치자면 일부 통은 은은하게만 들려오고, 어떤 통은 뒤에서 쾅쾅 울려 퍼지며, 또 어떤 통은 그 자체로도 환상적인 독주를 펼칠 만하다는 이야기다. 실제로 알코올함량 40% 미만이었던 원액은 집에서 만들다 망친 와인처럼 맛은 별로였다. 그런가 하면 셰리 숙성에 쓰였던 유럽산 오크통 속의 원액은 알코올함량 60%가 넘었고 체리 풍미가 굉장히 선명하게 느껴졌다. 더 오래 숙성된 원액들은 풍미는 강했지만 너무 단조로웠던 반면, 어린 원액들은 톡 쏠 정도로 얼얼할 뿐 별 특징이 없었다. 보통 오크는 위스키에 달콤함을 부여하는 편이지만 미국산 오크는 스파이시한 특징을 더하는 편이다. 버번 숙성에 쓰였던 통에 담긴 원액은 주로 첫맛과 끝맛에서 그 존재가 보다 부각되었던 반면, 셰리 숙성에 쓰였던 통에 담긴 원액은 중간 부분의 맛과 향이 비교적 강렬한 편이었다. 이 통들의 원액 대다수는 단독으로도 괜찮은 편이었지만 함께 조합되는 순간 저마다가 그 탁월한 최종 위스키의 차원을 끌어올리는 데 한몫했다.

이처럼 위스키가 여러 가지 숙성 풍미가 복잡미묘하게 어우러진 술이라는 점을 깨닫게 되자 다른 위스키들도 새롭게 이해되기 시작했다. 예를 들어 미국 위스키의 경우엔 옥수수, 호밀, 밀, 보리 같은 재료들 소수 몇 가지나 다수의 조합으로 이루어진 매시mash(뜨거운 물과 맥아 혼합물-옮긴이)로 만들어진다는 식으로 이해하게 된 것이다. 상품으로 최종 병입되는 위스키의 질은 위스키 진열장의 맨 아래 놓이는 저가품이든 스몰배치로 생산된 최고급품이든 간에 거의 전적으로 숙성 시 저장고 내의 위치에 따라 좌우된다는 사실에 적응하게 되기도 했는데, 이 점에 대해서는 뒷부분에서 더 자세히 이야기할 것이다.

위스키의 세계는 단순화된 시각으로는 이해하기 쉽지 않다. 모든 위스키는 저마다 나름의 독특한 풍미의 조화를 이룬다. 그것이 깨우침의 순간 알게 된 내가 위스키를 사랑하는 이유였고, 또 이 책을 쓰게 된 동기이기도 하다.

언젠가 위스키의 숨은 매력은 그 위스키에 동반된 스토리라는 말을 들은 적이 있다. 하지만 나는 이 말에 동의하지 않는다. 뛰어난 위스키는 스토리와 상관없이, 또 라벨이나 숙성년수에도 구애받지 않는 감동을 선사한다. 위스키는 이미 오래전부터 상업화, 마케팅, 생산이 효율화되면서 많은 단계가 자동화되었다. 하지만 위스키 제조에 있어 이런 상업적인 부분이 걸출한 위스키의 생산에 더러 걸림돌로 작용한다는 사실이 분명하다 해도, 궁극적으로 따지자면 위스키는 여전히 나무통에 담겨 숙성을 거치는 증류주다. 나무, 나무통, 섬세한 숙성 과정에는 신비로운 매력이 숨어 있다.

모든 위스키는 저마다 나름의
독특한 풍미가 조화를 이룬다.

CHAPTER 1 위스키,
어떻게 마실
것인가

위스키는 다양한 상품으로 이루어진 하나의 카테고리

나에게는 수년에 걸쳐 위스키를 즐기면서 터득하게 된 소중한 결론 한 가지가 있다. 위스키는 일반화가 불가능하다는 것. 따라서 지금부터는 위스키 음용의 세계를 탐험하면서 각각의 위스키를 개별적으로 이해하고 독자적인 맛을 음미할 경우의 이로움에 대해 알아보자.

와인광들은 와인을 다양하게 즐긴다. 잔 선택의 경우 화이트와인 잔, 레드와인 잔, 스파클링와인 잔처럼 일반화가 가능하고 특별한 종류의 와인에 특화된 전용잔도 있다(혹시 오리건산 피노 누아 전용잔을 가지고 있는 사람 없는가?). 어떤 와인광들은 메이슨 자 유리병에 와인을 담아 마시면서도 더없이 만족스러워한다. 와인에는 디캔팅의 문제도 있다. 숙성의 관점에서 볼 때 어린 와인은 처음 개봉했을 때 맛이 실망스러울 수도 있다. 이럴 때 공기에 노출시켜주면 어린 와인에 원숙함을 더할 수 있다. 와인 디캔터는 와인이 공기에 더 많이 노출되게 함으로써 풍미가 더욱 풍성하게 발산되도록 도와준다.

하지만 위스키는 공기와 접촉했다고 해서 원숙해지지 않는다. 모든 위스키는 서

로 조금씩 차이가 있어서 최상의 맛을 느끼려면 저마다 다르게 다뤄야 한다. 예를 들어 어떤 위스키는 거칠고 강해서 물을 살짝 희석하면 풍미가 안정적으로 잡힌다. 대다수 고급 위스키는 증류소에서 이미 이상적인 풍미에 맞춰 물과 희석되어 출시되지만 저렴한 위스키들은 병입 양을 늘리기 위해 물을 많이 섞는다. 물을 한두 방울 섞으면 위스키 내에 반응을 유발시켜 풍미가 더욱 발산된다는 점에는 대체로 공감대가 형성되어 있다. 하지만 위스키와 물을 반반씩 섞을 경우 위스키의 미묘한 풍미가 상당 부분 희석되기 쉽다.

지난 수년 동안 나는 수많은 브랜드 홍보대사들과 위스키 제조자들을 만나왔다. 그들 가운데에는 물과 위스키를 반반씩 섞어 마시길 추천하는 이들도 있고, 물 몇 방울 외엔 어떤 것도 섞어 마시는 것에 조소를 보내는 이들도 있다. 아무튼 위스키를 마시는 방법에는 저마다의 취향이 있다. 사람들은 이렇게 마시는 게 맞다는 둥, 그렇게 마시면 위스키를 마실 줄 모르는 것이라는 둥 떠들어대기 일쑤지만 정작 그 방법이 왜 맞는지에 대해서는 설명해주는 경우가 드물다. 솔직히 나 역시 내 위스키 음용방식이 옳다고 생각하는 점에서는 그들과 다를 바 없지만, 그렇게 생각하는 이유 정도는 알려주며 당신 스스로가 자신에게 가장 잘 맞는 방식을 찾을 수 있도록 이끌어줄 마음이 있는 사람이다.

 ## 잔 돌리기

잔을 빙빙 돌리면 알코올의 톡 쏘는 향이 더 강해진다. 다시 말해 잔 돌리기는 위스키를 마실 때 절대 해서는 안 되는 행동이다. 잔 돌리기는 와인을 마시는 사람들에게는 흔한 습관이며, 여기에는 그럴 만한 이유가 있다. 알코올과 물은 병 밖으로 나와 바깥 공기에 노출되는 순간 기화된다. 알코올은 (물보다 빠르긴 해도) 느린 속도로 기화되고, 그에 따라 알코올함량이 높은 술의 향을 맡을 때는 알코올의 향이 두드러지게 느껴진다. 이때의 알코올 향은 신바람 난 알코올 분자가 잔 밖으로 튀쳐나와 당신 코의 냄새 수용체를 간질간질 자극하면서 빚어지는 결과다. 알코올처럼 가볍고 휘발성을 띠는 분자들은 조금만 부추겨도 냉큼 잔 밖으로 튀어나오는 성질을 갖는다. 그리고 이렇게 신나서 튀어나오는 분자들은 자기 혼자서는 당신의 코에 닿을 엄두를 내지 못하는 무거운 분자들도 같이 데리고 나온다. 이런 이유 때문에 음용자들이 잔을 빙빙 돌리는 것이다. 그런데 와인은 알코올함량이 낮은 편이다(대체로 8~15% 사이). 잔을 빙빙 돌려주면 휘발성 분자가 와인을 자극해 잔 밖으로 튀어나오면서 다른 분자들도 덩달아 튀어나오도록 자극한다(이 설명은 복잡한 화학공정을 단순화시킨 것이지만 감을 잡기에는 충분할 것이다).

위스키의 경우에는 안 그래도 알코올함량이 꽤 높다는 점이 문제다. 위스키는 알코올함량이 최소 40%이기 때문에 웬만하면 보통의 와인보다 2.5~5배 이상 높기 십상이다. 게다가 위스키 잔은 그 자체로도 기분 좋은 향을 맡게 해줄 만큼 휘발성이 갖춰져 있다. 이런 상태에서 잔을 빙빙 돌리면 휘발성이 더 높아져 알코올 향이 코를 압도하면서 후각에 다른 미묘한 향이 감지되지 못하도록 방해한다. 잔 돌리기는 한번 길들여지면 고치기 힘든 습관이지만 일단 그 습관을 버리면 위스키를 더 잘 음미하게 된다. 자신도 모르게 잔을 돌리게 되었다면 위스키가 안정되도록 잠시 가만히 놔두길 권한다.

 향 즐기기

위스키의 노즈(향)를 즐기기 위해서는 입술을 살짝 벌려 알코올이 자연스럽게 비강을 타고 올라가도록 하라. 코를 위스키에 가까이 가져다 댈수록 더 풍부한 노즈를 느낄 수 있다. 코와 잔 사이의 거리를 다르게 해보면 거리별로 맡게 되는 향의 종류에 차이가 생기기도 한다. 앞에서도 말했다시피 알코올함량 40%인 술은 자연기화 속도가 와인보다 빨라서 숨을 깊이 들이마실수록 알코올의 톡 쏘는 향에 압도되기 십상이다. 그러니 위스키가 당신에게 다가오도록 가만 놔두는 것이 위스키를 더 잘 음미하는 방법이다.

글렌캐런 위스키 잔이 이상적이라고 인정받는 이유도 여기에 있다. 튤립 모양 디자인 덕분에 잔 가장자리 주위로 향을 모아주기 때문이다. 어떤 위스키의 개성을 좀 더 섬세하게 음미해보고 싶다면 잔 위쪽을 손으로 덮고 잔 측면으로 무언가가 응집되어 있는 상태가 눈으로도 감지될 때까지 그대로 있어라. 그렇게 향이 눈으로 감지될 만큼 갇히고 나면 덮고 있던 손을 치우고 향을 맡아보면 된다.

위스키의 향을 맡는 과정은 즐거운 순간이기도 하지만 일상적으로 마시는 경우에는 아예 생략해도 무관한 과정이기도 하다. 위스키를 음미하는 것과 즐기는 것은 별개의 행위다. 위스키를 즐기는 경우에는 향을 맡는 과정을 거치더라도 지나치듯 슬쩍 맡는 것이 보통이다.

 물

위스키 애호가들은 위스키에 물을 섞어야 할지 말아야 할지를 놓고 별 괴상한 짓도 서슴지 않는다. 맞는 답을 찾기 위해서라면 말 그대로 토끼굴에 떨어지는 일까지도 마다하지 않을 만큼 극성인 사람들도 더러 있을 정도니 말이다. 많은 위스키 시음가들은 색다른 향과 풍미를 발산시켜 위스키를 훨씬 더 잘 음미해보고 싶다면 물을 몇 방울 섞어보라고 한다. 이렇게 권하는 이유는 물을 섞으면 에스테르와 알코올에 물이 스며들어 무게가 무거워지고 그에 따라 기화율이 떨어져 향을 맡을 때 알코올의 독한 화기가 가라앉기 때문이다. 물을 섞으면 보통은 더 무거운 분자들 사이에 갇혀버린 풍미들이 발산되기도 한다는 견해도 있다.

물은 위스키의 화합물에 변화를 일으켜 화학반응을 일으킨다. 이런 화학반응에 따라 그 순간에 마시는 위스키의 풍미와 특징도 달라지게 된다.

물의 종류는 (시중에서 쉽게 구입 가능한) 증류수가 가장 좋다. 증류수는 최종 풍미에 영향을 미칠 소지가 있는 염소 등의 불순물이 여과되어 나온 물이기 때문이다. 말 그대로 한껏 발산된 풍미를 맛보기 위해서는 알코올함량 20%까지 위스키를 희석시켜보라고 추천하는 이들도 있다.

나는 (시음노트를 작성하기 위해서가 아니라) 그냥 위스키를 마실 때는 어지간해선 물을 섞지 않는다. 위스키에 캐스크 스트렝스라는 문구(다시 말해 병입 전에 물을 섞지 않았다는 의미의 문구)가 없다면 그 위스키는 증류소에서 이미 물과 희석되어 나온 것이다. 유난히 독한 경우가 아니라면 위스키에 물을 더 희석시킬 필요를 느끼지 않는다. 비교적 독한 편에 속하는 위스키의 경우에도 조금씩 홀짝이며 마시면 대개 알코올의 독한 화기가 감당할 만해진다. 따라서 내가 최우선적으로 추천하고픈 음용법은 마시고 있는 위스키가 너무 독하다 싶을 때는 그냥 평소보다 더 조금씩 홀짝이라는 것이다. 아주 조금씩만 홀짝이면 침이 입안에 머금은 위스키를 자연스레 희석시켜줄 것이다.

하지만 매운 음식이 그러하듯 위스키의 경우에도 우리에게는 저마다의 내성치가 있으며, 그 내성치는 노출빈도에 따라 쉽게 변하기도 한다. 나는 요즘엔 위스키를 희석시켜 마시는 일이 드물며, 특히 싱글 몰트 스카치위스키라면 더더욱 그렇지만 내 친구들의 상당수는 희석시켜 마신다. 이쯤에서 한마디 조언을 하자면, 당신의 미뢰에 도전장을 내밀어보길 권한다. 물을 섞고 싶다면 즐기는 위스키를 마실 때마다 물의 양을 조금씩 줄여가면서 더 흡족한 기분이 드는지 어떤지를 느껴보라는 것이다. 더 만족스러워지지 않는다면 만족스러워질 때까지 조금씩 물의 양을 늘려주면 된다. 맞거나 틀린 방법 따위는 없다. 적절한 위스키 음용법은 알코올의 기운이 압도적이지 않은 상태에서 풍미를 즐길 수 있는 밸런스를 찾는 과정일 뿐이다.

아주 조금씩만 홀짝이면 침이 입안에 머금은 위스키를 자연스레 희석시켜줄 것이다.

얼음

TV 프로그램과 광고는 우리의 음주방식에 영향을 미친다. 잔 속에 얼음을 세심하게 배치시킨 언더록 위스키는 시청자들의 감성을 유혹한다. 잔에 얼음을 떨어뜨리는 행동은 그 자체로 좋아하는 위스키를 즐기기 전에 치르는 하나의 의식이 되기도 한다. 하지만 최근에 들어서면서 TV 프로그램에서 배우들이 위스키를 스트레이트로 마시는 장면이 점차 늘고 있다. 상남자나 리더형 여자 역할을 맡은 배우에게서 특히 그런 모습이 자주 연출된다. 위스키는 자신의 취향대로 즐기는 게 맞지만 위스키에 얼음을 넣어 마실 때의 영향도 알아둘 필요가 있다.

얼음은 두 가지 역할을 한다. 첫 번째는 녹으면서 위스키를 희석시키는 것이고, 두 번째는 위스키를 차갑게 하는 역할이다. 위스키를 희석시킬 경우 풍미에 어떤 부정적인 영향이 미치는지에 대해서는 이미 앞에서 살펴보았으니 이번에는 위스키가 차가워질 경우의 현상에 집중해보자.

우리의 미뢰는 차가운 성분을 만나면 기능이 떨어진다. 쉬운 예가 아이스크림이다. 바위처럼 딱딱한 아이스크림은 풍미가 거의 느껴지지 않는다. 아이스크림을 제대로 즐기려면 혀에 닿는 순간 녹으면서 풍미를 발산해줄 정도의 온도에서 먹는 것이 좋다. 아이스크림 자체가 차가운 상품인 데다 인간의 미뢰는 차가운 성분과 만나면 제 기능을 하지 못하기 때문에 아이스크림 제조사는 소비자들이 맛을 제대로 느낄 수 있도록 상당량의 당분을 첨가한다. 이런 이유 때문에 아이스크림이 녹으면 맛있게 먹기가 힘들다. 실온에서는 아이스크림에 첨가된 당분이 미각을 압도해 불쾌한 반응을 유발하기 쉽기 때문이다.

싱글 몰트 스카치위스키를 처음 접했던 초반에는 나 역시 자주 얼음을 넣어 마셨다. 그렇게 하면 알코올의 톡 쏘는 얼얼함이 덜해 마시기가 한결 편했기 때문이다. 그러다 전문적으로 위스키를 마시면서 한 가지 소중한 교훈을 터득했다. '얼음은 보드카와 싸구려 위스키에 양보하라'는 것이다. 얼음은 미뢰를 둔화시켜 알코올의 얼얼함에 무뎌지게 해줄지는 몰라도 알코올 기운의 불쾌감에는 조금씩 홀짝이는 것과 위스키 데우기가 더 나은 해결책이다. 내 경험에 비춰보건대 위스키는 실온이나 체온과 가까운 온도에서 최상의 아로마와 풍미를 발산한다.

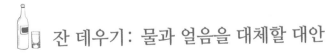 위스키 록

위스키 록은 위스키 애호가들이 곧잘 선물로 주고받고 자주 추천하는 품목이다. 싱글 몰트 스카치위스키에 패키지로 딸려 나오기도 한다. 따라서 위스키 애호가라면 누구나 하나쯤 가지고 있다. 위스키 록을 잘 모르는 독자를 위해 설명하자면, 냉장고에 넣어서 차갑게 만들어놓는 말 그대로 록(돌덩이)이다. 차갑게 만든 후에 각얼음처럼 잔에 넣어서 위스키를 차게 식히는 용도로 쓰인다. 위스키 록 옹호론자들은 차갑지만 희석되지 않은 상태에서 위스키를 마시고 싶어 하는 위스키 애호가들도 있기 마련이며, 위스키 록을 쓰면 녹은 얼음에서 물이 생길까봐 걱정할 필요 없이 그런 이들의 기호를 만족시킬 수 있다고 말한다.

그런데 문제가 있다. 위스키를 차게 마셔봐야 사실상 별 이로울 게 없다는 점이다. 위스키의 온도는 오히려 체온에 가까울수록 좋다. 결론적으로 말해 위스키 록은 알코올의 얼얼함을 줄여줄지는 몰라도 차가운 액체와 만나면 미뢰의 기능이 떨어지기 때문에 얼얼함과 더불어 풍미까지 줄어들게 된다. 위스키 록은 온도를 차갑게 낮춰주면서도 위스키를 희석시키지 않는다는 점에서는 이롭지만 이는 한계점을 가진 이로움일 뿐이다.

나는 위스키 록을 그다지 좋아하지 않지만 보드카 애호가들에게는 쓰임새가 유용하다고 생각한다. 보드카는 차가운 온도에서 서빙되거나 차가운 음료와 믹스되는 것이 보통이므로 비교적 고가의 보드카를 마실 때 차갑긴 하지만 희석되지 않은 상태에서 맛보고 싶을 경우 위스키 록이 제격이다. 그러니 이 돌덩이는 위스키가 아니라 보드카를 마실 때 활용하는 것이 좋지 않을까?

그런 의미에서 상품명을 위스키 록이 아니라 '보드카 록'으로 개명하는 게 어떻겠냐고 제안하는 바이다.

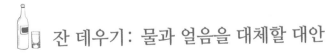 잔 데우기: 물과 얼음을 대체할 대안

너무 어리고 독하거나 알코올이 압도적인 위스키들이 있다. 이 문제에 관한 한 나는 글렌피딕의 세계적인 브랜드 홍보대사 이안 밀러로부터 유용한 팁을 얻은 바 있다. 그것도 간단하면서도 기발한 팁으로 말이다. 바로 위스키 잔 감싸 쥐기다. 위스키 잔을 감싸 쥐고 있으면 어쩐지 즐거운 기분이 들기도 하지만 그 외에도 유익한 부가효과가 있다. 위스키를 데워줌으로써 위스키 내의 분자들을 자극해 풍미와 향을 더욱 풍부하게 발산시켜주는 것이다. 자극받은 알코올 분자들은 더 빠른 속도로 기화되고, 그에 따라 알코올 분자보다 무거운 풍미 분자들에게는 영향을 미치지 않으면서 위스키의 알코올함량이 줄어들게 된다.

이제 위스키가 너무 독하다 싶을 땐 체온으로 자연스럽게 위스키를 5분 정도 데운 후에 마셔보길 권한다. 아마도 새로운 풍미가 감지되면서 그와 동시에 알코올의 톡 쏘는 얼얼함도 부드럽게 잡히는 게 느껴질 것이다.

CHAPTER 2

위스키 제조와
용어

위스키는 어떤 술인가

위스키는 곡물을 원료로 사용해 발효 후 증류시킨 술이며, 일반적으로 나무통에서 숙성 과정을 거친다. 위스키는 어떤 곡물이든 원료로 사용 가능하지만 주로 옥수수, 보리, 밀, 호밀이 사용된다. 특정 위스키에 사용되는 곡물의 종류는 대체로 이용 가능성과 가격 적정성에 따라 좌우된다.

싱글 몰트위스키는 100% 맥아(싹 틔운 보리)로 만든다(참고로 몰팅은 전분을 발효 가능한 당분으로 변환시키는 과정이다). 버번은 옥수수가 최소 51% 이상 사용된다. 나머지 49%는 어떤 곡물을 쓰든 상관없지만 대다수 버번은 옥수수에 호밀과 미량의 맥아를 혼합하되 종종 약간의 밀을 섞기도 하는데, 이런 혼합물을 흔히 '매시빌 mash bill'이라고 부른다.

술의 기원은 고대로 거슬러 올라가지만 위스키의 경우 비교적 현대 시대의 산물로서 수백 년 동안 우연이 되풀이되면서 발전하게 되었다. 고대 항아리의 화학적 분석을 통해 밝혀진 바에 따르면, 술을 즐기기 시작한 시기는 기원전 1만 년까지 거슬러 올라가며 역사적으로 술은 여가활동이나 건강을 위한 용도로 활용되었다. 인구밀도가 점차 높아지는 상황에서 물의 살균은 우선순위에 해당되는 문제였으며, 서구문명이 지저분한 빛깔의 불결하고 입맛 당기지 않는 물을 안전하게 (그리고 보다 입맛 돋게!) 마시기 위해 찾아낸 방법이 바로 물을 술로 바꾸는 것이었다.

술은 대체로 치료효과가 있다고 여겨졌으며, 위스키라는 이름 자체도 '생명의 물'이라는 뜻을 지녔다. 유럽의 수도원들은 전통적으로 증류주(대체로는 와인)를 병의 치료 용도뿐만 아니라 의식의 용도로 두루 사용했지만 중세 시대에 기독교 수도원들이 아일랜드와 스코틀랜드에 터를 잡던 당시 포도를 구하기 어려워지면서 곡물 증류가 일상화되었다. 그러다 마침내 곡물 증류가 수도원 너머로 확산되면서 농민들에게까지 전해져 스코틀랜드 전역에 위스키를 만드는 증류소가 수천 곳에 이르게 되었다.

그 결과 북미 개척자들은 위스키 제조기술을 갖춘 채로 이주해왔다. 하지만 미국과 캐나다에서는 보리가 비교적 구하기 힘든 작물에 속해 북미의 위스키 제조에는 옥수수, 호밀, 밀이 주원료로 사용되었다. 당시에도 위스키의 치료효과가 여전히 독려되긴 했지만 취하기 위한 수단으로 활용하는 이들이 대다수였다.

미국에서는 금주법이 시행되던 시기에도 의사들만은 환자들에게 술을 약용으로 처방해줄 수 있었다. (실제로 의학적 효능이 있었다는 이야기가 아니라) 치료효과가 있는 성분이 함유된 것으로 인식되었던 위스키는 주류법으로부터 어느 정도 면제를 받았기 때문이다.

프루프와 퍼센트

ABV^{alcohol by volume}는 알코올함량을 나타내는 표준 측정단위다. 퍼센트로 표시하며, 대다수 국가의 라벨에 수치가 표기된다. 또 다른 측정단위로는 프루프^{proof}가 있는데 원래 영국에서 유래되었고, ABV의 1.75배로 환산되었다. 프루프는 그 뒤에 미국에서 채택되면서 ABV의 2배로 조정되었으며, 현재 이 기준이 영국에서도 인정받고 있다. 법적으로 위스키라는 명칭을 인정받기 위해서는 최소한 40%의 ABV나 80proof의 조건을 충족해야 한다. 물론 그 외에도 여러 가지 조건이 따라붙지만

그 부분에 대해서는 위스키가 만들어지는 과정을 더 깊이 들여다보면서 차차 알아보도록 할 것이다.

 발효

앞에서도 이야기했다시피 발효의 역사는 1만 2,000년 전까지 거슬러 올라간다. 발효는 에탄올 발효라는 과정을 통해 효모와 당분이 서로 섞이면서 일어난다. 효모는 당분을 자체적인 세포 에너지로 변환시키고 그 부산물로서 에탄올과 탄산가스가 생겨난다. 효모는 전 세계적으로 1,500종 이상이 있으며, 전체 균류의 1%가량을 차지한다. 사용되는 효모의 종류는 최종적으로 빚어지는 술에 영향을 미칠 수 있어 대다수의 위스키 증류소들은 발효 과정에서 의존하는 특정 효모종을 철저하게 관리한다.

효모가 당분에 대해 그다지 까다롭게 굴지 않는 덕분에 포도는 와인이 되고, 쌀은 사케가 되고, 꿀은 벌꿀주가 되며, 곡물은 맥주가 된다. 대체로 가장 값싸고 풍부한 작물이 무엇이냐에 따라 한 문화와 인연을 맺는 술의 종류가 결정된다. 역사적으로 서늘한 기후 지대에서는 곡물로 맥주를 빚고, 일본의 경우 발효된 쌀로 사케를 빚고, 비교적 온화한 포도 친화적 기후 지대에서 와인을 빚었던 것도 다 그런 이유 때문이었다. 이런 술들은 대체로 해당 작물 중에서도 비교적 도드라진 특징을 가진 품종이 원료로 쓰이는 경우가 많다. 한 예로 사케의 원료가 되는 쌀은 식용 쌀에 비해 더 크고 거칠다. 포도도 마찬가지여서 와인용 포도는 식용으로 쓰기에는 맛이 형편없다.

전분 성분을 원료로 해 빚어지는 술(위스키, 맥주, 사케 등)은 우선 전분을 당분으로 변환시켜야 하는데, 이런 변환은 몰팅이라는 과정을 통해 이루어진다. 따라서 '사케 와인'이라는 말은 심하게 잘못된 말이다. 엄밀히 말해 사케 제조 과정은 와인보다는 맥주 제조 과정과 더 비슷하기 때문이다. 본질적으로 따지자면 몰팅은 곡물을 발아시켜 그 곡물에 함유된 효소를 활성화시키면서 전분 에너지를 당분으로 바꾸는 묘기를 부리는 과정이다. 몰팅 과정에 들어가면 곡물은 6주 동안 건조되었다가 물에 잠겨 발아된다. 그런 다음 물과 섞어주면 드디어 효모가 당분을 알코올로 변환시킬 수 있게 된다.

'몰트위스키'는 곡물을 발효시키기 전에 거치는 이런 몰팅 과정에서 따온 명칭이지만 대체로 맥아를 의미하는 경우가 많다. 몰팅 과정에서는 발효의 개시를 위해 소량의 효소만 있으면 된다. 그러한 예로 버번은 발효 과정의 개시를 위해 매시빌에 맥아가 10% 정도만 함유되어 있어도 되고, 매시빌의 나머지에는 몰팅되지 않은 옥수수에 호밀이나 밀처럼 풍미를 내기 위한 곡물을 섞는다. 반면 싱글 몰트 스카치위스키는 100% 맥아로만 제조된다.

스카치위스키와 미국 위스키 사이의 주된 차이점은 사용되는 보리의 종류 외에 곡물의 혼합방식에서도 나타난다. 미국의 위스키 제조에서는 맥아를 비롯해 모든 곡물을 곱게 갈아 가루로 만드는 것이 보통이다. 옥수수를 몇 시간 동안 찜기에 넣고 찐 후 어느 정도 식으면 여기에 호밀(경우에 따라서는 밀도 함께)을 섞어 넣는다. 그리고 온도가 더 내려가면 마지막으로 맥아를 섞어준다. 찌기는 전분을 단당으로 분해시키기 위한 필수 과정이며, 맥아의 효소가 분해 과정을 마무리 짓는다.

이처럼 곡물 속에 함유된 전분이 여러 과정을 통해 당분으로 변환되고 난 후에는 알코올을 만들기 위한 과정으로 효모를 통한 발효가 이어진다. 이 과정까지 거친 후 생성된 혼합물이 바로 발효된 곡물주이며, 이 상태의 곡물주를 '워시wash'라고 부르는데 본질적으로는 미정제 맥주라고 할 수도 있지만 실제로 맥주라고 인정하기는 어렵다. 대다수 맥주는 보리의 껍질을 제거해 분쇄하고 풍미를 더하기 위해 홉을 첨가하는 방식으로 만들어지기 때문이다.

증류

위스키 제조 과정 중 이 시점에서의 혼합물은 엄밀한 의미에서의 발효주들과 다를 바 없이 알코올함량이 대체로 10% 미만이다. 발효주(맥주, 벌꿀주, 와인, 사케 등)와 스피릿(보드카, 위스키 등) 사이의 결정적인 차이점은 증류다. 증류란 기화와 응축을 통해 물을 비롯한 여러 성분들을 제거하면서 증류 원액을 정제시키는 과정으로 물보다 낮은 온도에서 알코올이 기화하는 원리를 이용해 이루어진다. 즉 알코올이 증류조에서 기화되어 상승하면 구부러진 관을 통해 붙잡아서 더 높은 알코올함량의 액체로 응축시키는 방식이다. 참고로 증류기술에 있어서는 1세기경 그리스 연금술사들의 공로가 크다.

브랜디가 증류된 와인이라면 위스키는 증류된 곡물 맥주다. 두 경우 모두 증류는 다른 분자들과 함께 증류기 위쪽으로 기화되는 알코올(주정)을 붙잡는 과정이다. 대다수 위스키 증류소에서는 증류기의 모양에 따라 얻게 되는 주정의 종류가 정해진다. 증류기의 높이가 높을수록 기화된 분자들이 최종 증류액이 되기 위해 더 높이 올라가야 한다. 높이가 높은 증류기의 경우 무거운 풍미 성분들은 맨 꼭대기까지 도달하지 못하며, 그에 따라 비교적 가벼운 풍미의 위스키가 된다. 한편 높이가 낮은 증류기는 더 다양한 종류의 분자들을 붙잡기 마련이라 풍미가 비교적 묵직한 경향을 띤다. 구체적인 예를 들자면 글렌모렌지는 스코틀랜드에서 가장 높은 증류기를 보유한 사실을 자부심으로 여기면서 비교적 가벼운 위스키를 생산하는 반면, 오번은 높이가 낮고 옆으로 퍼진 형태의 증류기를 통해 보다 개성 강한

브랜디가 증류된 와인이라면
위스키는 증류된 곡물 맥주다.

위스키를 빚어내고 있다.

이 과정은 지금 이렇게 말로 설명하는 것보다 여러 면에서 훨씬 더 복잡한 단계다. 예를 들어 페놀은 위스키의 피트 풍미(훈연 향)를 보강해주는 아로마 성분이다. 페놀은 무거운 편이라 피트 풍미에 중점을 두는 증류소들은 키가 작고 폭이 넓은 증류기를 이용하는 경향이 있다. 위스키를 이루는 성분들은 한두 가지가 아니다. 게다가 그 많은 성분들은 저마다 끓는점이 다르고 무게도 다르다. 같은 원료로 만들어도 증류소들이 저마다 독자적인 주정을 생산해낼 수 있는 이유 중 하나가 바로 여기에 있다. 알코올, 알데히드, 에스테르, 지방산, 황 성분들 모두는 증류 과정과 증류기의 형태에 따라 최종 위스키의 상태에 일조하는 비중이 다르다. 앞에서도 이야기했다시피 폭이 넓고 키가 작은 증류기는 무거운 분자들도 맨 꼭대기까지 기화시켜주기 때문에 더 풍부한 풍미를 가능케 하는 반면 폭이 좁고 키가 큰 증류기는 이런 무거운 분자들 상당수를 걸러낸다. 이런 이유 때문에 증류기를 교체할 때는 이전 증류기와 동일하게 제작하는데 심지어 움푹 팬 부분까지 똑같은 복제판을 만드는 경우가 많다. 스코틀랜드에서는 알코올함량을 더 높이기 위해 증류 원액을 단식증류기에서 2차까지 재증류한다. 1차 증류에서는 알코올함량이 6%에서 20~25%로 높아지고, 2차 증류 때는 대체로 65~72%까지 높아진다. 일부 증류소에서는 주정을 이보다 더 정제시키기 위해 3차까지 증류하기도 한다.

연식증류기는 1800년대 초반 알코올을 보다 효율적으로 증류하기 위한 방법으로 등장했다. 단식증류기가 서양 배 모양을 띤 형태라면 연식증류기는 일자형이다. 키가 큰 철재 연식증류기는 원유를 휘발유로 정제하는 데 사용되는 증류기와 비슷하다. 주정을 알코올함량 90% 이상까지 증류시키는 데에는 매우 효율적이지만 대체로 곡물의 풍미를 상당 부분 제거한다. 위스키의 경우 원료로 쓰인 곡물과 통 숙성에서 풍미가 우러나온다. 따라서 개인별로 선호하는 위스키의 종류는 위스키 제조에 이용되는 증류기의 종류와도 깊은 연관이 있다. 연식증류기에서 증류된 위스키는 부드럽고 통 숙성에서 우러난 풍미를 띠는 편이다. 단식증류기에서 증류되는 위스키는 증류 이전 단계인 발효 맥주에서 얻은 풍미가 더 풍부하게 살아 있는데, 대체로 위스키 애호가들은 이런 풍미를 선호한다. 일부 증류소들은 연식증류기와 단식증류기를 병행해 사용하기도 한다.

개인별로 선호하는 위스키의 종류는 위스키 제조에 이용되는 증류기의 종류와도 깊은 연관이 있다.

증류는 매 단계마다 초류와 후류가 있다. 초류는 맨 처음 증류되어 나오는 증류액이고, 후류는 마지막으로 나오는 증류액을 뜻한다. 증류 과정의 맨 앞부분과 맨 뒷부분에 해당되는 초류와 후류는 둘 다 끊어내는데, 위스키에 위험요소가 될 소지가 있기 때문이자 그다지 좋지 않은 풍미를 띠기 때문이다.

그런 이유로 증류소에 따라 보다 순수한 증류액을 얻기 위해 증류 과정에서 중간 부분 증류액의 20%만을 붙잡기도 하고 그보다 더 비율을 넓혀서 붙잡기도 한다. 증류 과정에서는 증류가 끝나갈 때쯤 거슬리는 아로마가 점점 늘어나는 경향이 있다. 위스키를 마시는데 가죽, 팝콘, 담배, 생선, 치즈 등의 냄새가 난다면 그 위스키를 만든 증류소는 증류 과정에서 증류액을 조금만 끊어냈을 가능성이 높다. 물론 이것을 나쁘게 볼 일만은 아니다. 단지 취향의 문제이자 수백 년 동안 전수되어왔을지도 모를 증류소 고유의 특징일 뿐이다. 하지만 위스키에서 체육관 땀냄새가 연상된다면 그 위스키 제조자는 증류액을 끊어내는 데 유감스러울 정도로 관대했을 가능성이 다분하다.

단식증류기는 최종 증류액에서 거슬리는 성분인 아황산염을 제거하기 위해 구리 소재로 제작된다. 아황산염은 대체로 구리 소재 단식증류기에 흡착되어 쌓이므로 증류기를 정기적으로 청소해주지 않으면 아황산염이 제대로 걸러지지 않은 채 위스키에 들어가게 된다. 모든 위스키는 아황산염 제거를 위해 구리와의 접촉 과정을 거친다. 구리 증류기를 이용하거나 구리로 만든 관을 이용하는 식이다.

증류는 위스키 제조 과정에 있어 결정적인 단계이자, 보드카와 위스키의 차이가 일반적인 생각처럼 그렇게 대단하지 않다는 생각이 더욱 확실해지는 단계이기도 하다. 보드카는 전분이나 당분 성분이면 무엇이든 원료로 사용 가능하지만 앱솔루트 같은 최고 인기 브랜드들은 위스키와 마찬가지로 곡물을 원료로 쓴다. 단, 보드카는 보통 3차 이상의 증류를 거치면서 불순물을 제거하고 다른 풍미가 들어설 여지가 없을 정도로 알코올을 빈틈없이 붙잡는다. 이것이 풍미가 거의 없는 술로 거듭나기 위한 보드카의 목표라면, 위스키의 목표는 매 제조 과정마다 풍미를 끌어내는 것이다.

위스키도 알코올을 더 정제하기 위한 목적으로 더러 3차 증류를 거치기도 한다. 3차까지 증류된 위스키는 대개 그 사실이 병에 표기되지만 3차 증류도 취향의 문

단식증류기는 최종 증류액에 포함된 아황산염을 제거하기 위해 구리 소재로 제작된다.

제다. 3차 증류 사실을 광고하는 증류소들은 으레 3차 증류가 위스키에 부드럽고 섬세한 풍미를 선사해준다고 강조한다. 맞는 말이긴 하지만 3차 증류는 위스키 애주가들이 즐기는 곡물 풍미를 대부분 제거시키기도 한다. 어느 위스키 제조자가 내게 해준 말마따나 3차까지 증류시키면 보드카를 오크통에 숙성시키는 격이 된다. 따라서 3차 증류가 위스키 세계에서 나름의 위상을 차지하고 있긴 하지만 대다수 위스키 제조자들은 3차 증류가 위스키하면 으레 연상되는 풍미를 제거시킨다는 신념을 이유로 그다지 선호하지 않는다. 3차 증류된 위스키는 음미하는 내내 한 가지 풍미를 띠는 편이지만 2차 증류된 위스키는 보다 복합적인 풍미를 선사한다. 하지만 위스키의 풍미는 증류 과정에서만 결정되는 것이 아니다. 통 숙성을 거치면서 더 깊이 있는 복합미가 부여되기도 한다.

 통 숙성

위스키 제조 초창기만 해도 대다수 증류소들은 농민들이 불법으로 운영하는 형태였다. 나무통의 사용은 원래 이들 농민들이 생산한 위스키를 고객들에게 실어다주기 위한 용도였다. 말하자면 당시 상품 운송방식에 따른 활용이었던 셈으로 생선이나 와인 혹은 셰리가 담겼던 통들이 쓰였다. 그 결과 위스키 제조자들은 위스키를 어떤 통에 숙성시켜야 더 좋은 맛을 낼 수 있는지 차츰 감을 잡게 되었다. 스코틀랜드 위스키가 재사용 통에 담겨 숙성되는 전통은 바로 이런 내력에서 비롯된 것이다.

한편 캐나다와 미국에서는 역사적으로 위스키 운송에 새 오크통이 사용되었다. 그러다 나무통 숙성이 위스키의 맛을 더 좋게 해준다는 사실에 눈뜨게 되면서 위스키 업계에 변화를 불러일으켰고, 캐나다는 1890년에 세계 최초로 위스키의 나무통 숙성을 의무화시켰다.

숙성용으로 사용되는 나무의 종류도 나라별로 다양하다. 미국과 캐나다는 나무 공급에 문제가 없어서 나무통 제작비가 저렴한 덕분에 전통적으로 새로 만든 오크통을 쓴다. 미국은 아예 버번 같은 고급 주류에 대해서는 새 오크통 사용을 의무화시키기까지 했다. 미국산 오크통은 대체로 최종 위스키에 바닐라, 꿀, 견과류의 풍미와 더불어 생강의 알싸함을 더해준다.

스코틀랜드는 미국과 캐나다 같은 운이 따라주지 않아 나무가 풍족하지 못하다. 스코틀랜드 위스키 업계에서 초창기에 주로 사용한 나무통은 셰리가 담겼던 유럽산 오크통이었다. 유럽산 오크통은 원액에 말린 과일, 오렌지 껍질 설탕 절임, 계피나 육두구 계열의 향신료처럼 비교적 달콤한 풍미를 우러나게 하는 편이다. 셰리가 담겼던 유럽산 오크통에서 숙성된 위스키 시음평에서는 특히 크리스마스 시즌에 주로 먹는 과일 케이크가 자주 거론된다. 다시 말해 이런 위스키에서는 아주 달콤한 말린 과일의 향기와 구운 음식 특유의 향이 느껴진다는 이야기다. 하지만 (주로 영국에서의 판매저조로 인한) 셰리 산업의 침체로 인해 스코틀랜드 위스키 업계에서는 어느 순간부터 버번을 담았던 미국산 오크통이 주로 사용되기 시작했다.

요약하자면 캐나다와 미국은 위스키 숙성에 대체로 새로 만든 통을 사용하는 반면 스코틀랜드와 아일랜드, 심지어 일본도 미국산 위스키나 (비교적 덜 흔한 경우지

만) 유럽산 셰리 숙성에 쓰였던 통을 활용하는 것이 보통이다. 이런 나라들은 (옥수수 베이스 위스키에 주력하는 미국이나 캐나다와는 달리) 보리를 베이스로 한 위스키 생산에 주력한다. 더불어 보리의 미묘한 풍미는 새 오크통에 담기게 되면 그에 압도되어 개성이 제대로 살아나지 못한다는 것이 통념으로 자리 잡혀 있기도 하다.

두 경우 모두 나무통 안쪽 면을 불에 그슬려 사용한다는 점에서는 똑같다. 이렇게 통 안쪽을 구워주면 나무에 금이 생겨 숙성 중에 표면적을 더 넓혀주기 때문에 나무의 천연 당분이 숙성 원액에 더 많이 접촉하게 된다. 통을 재사용할 때는 매 사용 시 혹은 적어도 몇 회에 한 번씩 불에 그슬려주는 것이 보통이다. 통 굽기는 바닐라 풍미, 알싸함, 타닌을 돋우는 효과가 있다. 굽는 정도는 증류소에 따라 다르며, 이런 굽기의 차이는 해당 증류소에서 사용하는 곡물의 종류에 따라 결정되기도 한다.

위스키가 통에 채워지면 두 가지 현상, 즉 산화와 증발이 일어난다. 산화는 알코올이 나무통의 세포벽을 녹이면서 일어나는 현상이다. 이때 오크는 산화 과정에서 바닐라 향을 생성한다. 한편 위스키는 통 안에서 자연스럽게 증발되기도 한다. 통상적으로 서늘한 기후에서는 증발로 인한 위스키의 상실률이 연 1~2% 정도다.

위스키는 숙성을 거치면서 나무통에 존재하는 풍미를 서서히 취하게 되며, 숙성기간은 기후와 원료 곡물에 따라 달라진다. 보리는 대체로 오랜 숙성기간을 필요로 하며, 그런 이유로 시중에 판매되는 대다수 싱글 몰트 스카치위스키가 최소한 10년산이나 12년산인 것이다. 버번은 옥수수 베이스라 그 정도로 긴 숙성기간이 필요하지 않은 편이다.

나무통 숙성 중에는 풍미검사를 거치게 된다. 위스키 제조자는 통 안의 위스키 원액이 이상적인 풍미 프로필에 이를 때까지 기다렸다가 통을 저장고에서 꺼내 원액을 사용하게 된다. 이 과정은 통 안의 원액을 맛보지 않은 채로 이루어지는 것이 보통이며, 노련한 위스키 제조자는 통에서 샘플을 꺼내 향만 맡아본다. 근래에는 수많은 증류소들이 통 안에 담긴 위스키 원액을 화학적으로 연구하는 활동에 매진하고 있는 추세다.

나무통은 통 제조업자들의 손을 거쳐 제작·보수되고 있다. 모든 통은 이들의 손을 통해 독자적인 구조를 띠게 된다. 통은 똑같은 방법으로 제작되어도 오크의 독자적 재단에 따라 별개의 특징이 부여된다. 75년산 위스키가 수십 만 달러에 팔린다면 그 위스키는 독특한 특징을 지닌 통에서, 그것도 풍미를 잃지 않으면서 최대한 오랜 기간 숙성이 가능하도록 해준 특별한 통에서 숙성되었다고 보면 된다. 대다수의 통은 오랜 시간이 지나면 새나가는 원액의 양이 너무 많아져서 쓸 만한 양이 남지 않는다. 사실 통들은 위스키의 풍미를 끌어올려줄 수 있는 햇수에 한계가 있는데, 특히 재사용 통일수록 더욱 그렇다.

그렇다면 이쯤에서 모든 제조 과정이 끝난 것일까? 이제 드디어 위스키를 맛볼 수 있는 시간이 된 것일까? 위스키 제조가 불법으로 행해지던 과거엔 위스키가 통째로 고객들에게 운송되었으며, 현재도 여전히 이런 식의 판매가 이루어지고 있으므로 증류소에서 바로 위스키를 통째로 구매할 수 있다. 물론 수천 달러의 비용이 들긴 하겠지만.

그러나 대개의 경우 위스키는 본격적으로 음용되기 전 여러 통에 담긴 위스키 원액과의 블렌딩 과정을 거친다.

블렌딩 : 동일한 풍미를 내는 기술

위스키 업계는 특정 위스키에 신뢰성을 확보하기 위해 막대한 시간과 자원을 쏟아 붓는다. 와인의 경우 자신이 즐겨 마시는 2007년산 메를로가 2009년 빈티지와 동일한 맛이길 기대하는 소비자들이 드물다. 하지만 위스키는 글렌피딕 12년산이 매해 동일한 맛이길 바라는 기대감이 형성되어 있다. 따라서 위스키 제조자들은 동일한 풍미를 내기 위해 숙성년수와 내력이 다른 여러 독자적 통의 위스키를 한데 섞어야 한다. 이는 그 자체로 까다로운 기술을 요한다.

위스키 블렌딩에서의 난관은 위스키 숙성에 사용되는 통이 수제품이다 보니 저마다 다르다는 점에 있다. 틀에 쇳물을 부어 주물 제작되는 철재탱크와 달리 나무통은 한 통을 이루는 나무판들이 서로 동일하지도 않을뿐더러 완성된 각각의 통도 저마다 다른 나무로 제작된다. 어떤 통은 새나가는 원액의 양이 비교적 많은가 하면 또 어떤 통은 유난히 나무판이 촘촘히 이어 붙여져 증발속도가 더딘 편이기도 하다. 어떤 통은 온난한 지역의 저장고에서 숙성이 이뤄지면서 숙성속도가 빨라지기도 하고, 또 어떤 통은 서늘한 지역인 탓에 숙성속도가 더뎌지기도 한다. 예외 없이 새 오크통에서 숙성되는 버번의 경우엔 그나마 변수가 저마다 다른 나무통과 저장고의 위치 정도로 그친다.

스카치위스키의 경우엔 훨씬 더 복잡해진다. 스카치위스키는 이전에 사용된 적 있는 통에 담겨 숙성되며 대체로 버번이 담겼던 미국산 통과 주로 셰리가 담겼던 스페인산 통 등이 쓰인다. 이런 통들은 스코틀랜드에서 주문이 들어오면 (보다 경제적이고 환경보전적인 운송방식인) 분해 상태로 배송된 후 통 제조업자들을 통해 조립된다. 이런 재사용 통은 최종 위스키의 독자적 풍미에 영향을 미치지만, 같은 곳에서 왔고 같은 술이 담겨져 있던 통이라도 다루어지고 숙성되는 방식의 차이로 인해 각각의 내력을 띤다.

이런 숙성통들은 대체로 기후조절이 안 되는 거대한 저장고에 보관된다. 스코틀랜드처럼 기후가 서늘한 지역에서는 천장 가까이에 놓인 통일수록 다른 통보다 더 차갑기 때문에 숙성속도가 느려지기 십상이다. 또 바닥에 가까운 통들은 땅의 온기 덕분에 숙성속도가 빨라지는 편이다. 마스터 블렌더에게 맡겨진 주된 역할은 저장고에 대해 훤히 꿰고 있으면서 통들이 저장고의 어떤 위치에서 최상의 숙성을 이뤄내는지 터득하는 일이다. 이런 일은 릭하우스(시렁에 술통을 층층이 쌓는 최대 9층 높이의 대형 목재 저장고)에서 숙성되는 미국산 위스키의 경우 특히 중요하다. 기복이 심한 미국의 기후에서는 저장고의 맨 꼭대기에 위치한 통들이 다른 통들보다 더 따뜻해져서 숙성속도가 빨라진다. 증류소별로 차이는 있지만 대체로 최상급 버번은 릭하우스의 맨 꼭대기층에 저장되어 있던 통들의 원액이 적어도 조금이나마 블렌딩된다.

스카치위스키를 비롯해 재사용 오크통에서 숙성되는 그 외의 위스키들은 통의 다양성과 관련해 헤쳐 나가야 할 또 다른 난관이 있다. 스카치위스키는 보통 버번이 담겼던 통을 사용함으로써 발생하는 차이점에 대해서도 다뤄야 한다. 이런 통 중에는 버번을 4년 동안 숙성시키는 데 사용된 통도 있고 10년 동안 숙성시킨 통도 있다. 이런 통을 스카치위스키 숙성용으로 재사용하게 될 경우 통들 저마다의 독자적인 내력에 따라 최종 위스키에 서로 다른 영향을 미치게 된다. 한편 마스터 블렌더에게는 정기적으로 통의 냄새를 맡으면서 최절정기에 이른 통을 선별해내는 임무도 뒤따른다.

따라서 블렌딩의 주된 임무는 위스키가 매년 일정한 맛을 내도록 관리하는 일이다. 즉 정기적으로 샘플을 채취해 화학적 구조를 분석하고 그 향을 맡은 후 여러 통의 원액을 블렌딩해 특정한 풍미 프로필을 조합해야 한다.

추가숙성

풍미를 더하기 위해 이미 숙성된 위스키를 다른 통에 붓는 선택적 과정을 위스키의 '추가숙성'이라고 한다. 이 과정을 거쳤을 경우 보통은 병 라벨에 작거나 큰 글씨로 해당 위스키가 다른 통에서 '추가숙성되었다finished in'는 문구가 표기된다. 'double matured'나 'wood finished'라는 문구가 쓰이기도 한다.

위스키를 다른 통에 옮겨 추가숙성시키게 되면 특별한 이점이 있다. 대체로 원래의 제조방식에 따르면 스카치위스키는 버번이 담겼던 통에서 숙성된다. 그런데

블렌딩의 주된 임무는 위스키가 매년 일정한 맛을 내도록 관리하는 일이다.

셰리 통을 이용하면 버번 통 숙성 스카치위스키에는 부족하기 마련인 달콤한 특징이 더해지는데, 이 경우의 문제는 셰리 통의 값이 비싼 데다 공급량도 한정되어 있다는 점이다. 이에 따른 해결책이 바로 버번 통에서 숙성한 후 이 최종 위스키를 셰리 통에서 추가숙성하는 방식이다. 이렇게 추가숙성을 거치고 나면 버번이 담겼던 미국산 오크통에서만 숙성시킨 경우보다 빛깔과 풍미가 더 깊어진다.

이런 제조관행은 30년 전부터 행해져 왔지만 위스키 업계에 폭발적으로 확산된 것은 근래 들어와서다. 그에 따라 현재의 위스키들은 새 오크통부터 와인, 셰리, 심지어 포트가 담겼던 재사용통 등에 이르기까지 여러 종류의 통에서 추가숙성 과정을 거치고 있다. 추가숙성 기간은 몰트 마스터가 최종 위스키에 담아내고자 하는 풍미에 따라 대개 3개월부터 3년 사이에 이른다. 스코틀랜드에서는 이런 추가숙성이 예전부터 널리 퍼져 있었지만 세계의 대다수 증류소들은 최근에 들어서야 풍미에 깊이를 더하기 위해 또 다른 오크통에서 위스키를 추가숙성시키는 방식을 도입하고 있다.

한편 추가숙성에도 단점은 있다. 특별한 통에서 위스키를 추가숙성시킨다고 해서 무조건 좋은 결과를 보장해주는 것은 아니다. 게다가 어떤 증류소의 경우 수십 개나 되는 통 안에 형편없는 위스키를 만들어놓고는 단기간 동안 와인 통에 부어 넣어 상품을 그럴싸하게 둔갑시키려 시도할 소지도 있다. 이런 얄체 같은 방식을 쓰면 상품 자체는 고품질이 아니지만 고품질 위스키를 연상시키는 루비빛의 깊은 색감을 위장해낼 수 있다.

다른 술을 담았던 통에 위스키를 추가숙성시키는 방식에는 제도를 기만할 소지가 있다는 점에서도 주의가 필요하다. 이는 특히 스카치위스키의 경우 더 주의해야 할 부분이다. 스코틀랜드 법에 규정되어 있다시피 스카치위스키에 첨가 가능한 유일한 성분은 물과 착색을 위한 소량의 캐러멜뿐이다(나 자신을 비롯한 순수주의자들은 스카치위스키에 착색용 캐러멜을 첨가하는 것에 반대 입장을 가지고 있다). 그런데 어떤 증류소가 통에 럼을 채웠다가 그 럼을 비워낸 후 스카치위스키를 채운다면 최종 위스키에는 당연히 럼이 섞이게 된다. 내 안의 낭만주의자는 이런 발상에 혹해서 그냥 넘어가고 싶어 한다. 맛 좋은 럼의 풍미가 흠뻑 적셔진 나무통에 스카치위스키가 부어지면 나무통의 풍미가 전통적인 스카치위스키로 서서히 녹아나올 테니 그

추가숙성을 거치고 나면 빛깔과 풍미가 더 깊어진다.

야말로 꿈같은 일이 아니겠냐고 말이다. 하지만 내 안의 현실주의자는 잘 알고 있다. 그 통 안에 스며 있는 럼의 양은 (보잘것없는 양은 아니라 해도) 약간에 불과해서 거기에 위스키를 부어봤자 같은 위스키끼리 블렌딩되는 격일 뿐이라고.

그렇다고 해서 이와 같은 추가숙성방식이 아무런 쓸모가 없다는 이야기는 아니다. 내가 즐겨 마시는 몇몇 종류도 추가숙성된 위스키며, 발베니와 글렌모렌지 같은 이 부문의 초기 혁신주자들은 여전히 위스키의 추가숙성에서 비범한 실력을 보여주고 있다. 나로선 다만 이런 제조방식이 남용되고 있는 것 같아 걱정스러울 따름이다.

 캐스크 스트렝스 위스키

캐스크 스트렝스 위스키는 숙성 과정 후에 물이 전혀 첨가되지 않는다. 앞에서도 이야기했지만 대다수 위스키들은 풍미상의 이유나 경제적 이유 때문에 병입 전에 물을 첨가해 알코올함량을 원하는 정도로 낮춘다. 반면 물을 첨가하지 않는 캐스크 스트렝스 위스키는 알코올함량이 보통 60%가 넘는다. 캐스크 스트렝스 위스키의 알코올함량은 통 안에서 일어나는 자연증발로 인해 위스키 숙성에 사용되는 통과 숙성기간에 따라 달라지기 마련이다. 대체로 숙성기간이 길수록 알코올함량이 낮아지는 경향을 띠므로 오래 숙성시켜 알코올함량 50% 미만의 캐스크 스트렝스 위스키를 만드는 일도 충분히 가능하다. 하지만 대다수 캐스크 스트렝스 위스키는 알코올함량이 60% 이상이다.

나는 개인적으로 캐스크 스트렝스 위스키를 즐긴다. 높은 알코올함량은 대개 강한 풍미로 벌충되기 때문이다. 게다가 나는 어지간해서는 물을 섞어 마시지도 않는다. 오히려 잔을 손으로 감싸 쥐고 데워 알코올을 어느 정도 증발시켜 위스키의 온도가 체온과 비슷해진 상태에서 평소보다 입안에 더 조금씩 머금으며 맛본다. 내가 특히 좋아하는 캐스크 스트렝스 위스키는 부커스의 버번, 맥캘란 캐스크 스트렝스, 아벨라워 아부나흐다.

캐스크 스트렝스 위스키는 숙성 과정 후에 물이 전혀 첨가되지 않는다.

싱글 배럴 대 스몰 배치 위스키

싱글 배럴 위스키는 한 통에 든 원액만으로 만들어지는 위스키며, 진정한 싱글 배럴 위스키는 독특한 풍미 프로필을 선사할 가능성이 높다. 특히 숙성에 사용되는 통들이 더 오랜 기간과 복잡한 내력을 거치면서 저마다 독자적인 풍미를 띠게 되는 스카치위스키의 경우가 더 그런 편이다. 버번의 경우 싱글 배럴 상품이 해당 브랜드만의 고유한 풍미 프로필을 선사해주기도 한다. 스카치위스키든 버번이든 간에 위스키 제조자는 특별한 풍미 프로필을 위해 숙성통을 엄선한다. 싱글 배럴 위스키는 특별한 위스키로 여겨지는 만큼 대체로 가격대가 높다.

싱글 배럴 위스키는 캐스크 스트렝스로 병입되거나 물을 첨가해 병입되기도 한다. 위스키의 숙성년수, 병입 전에 첨가된 물의 양에 따라 싱글 배럴로 몇 병까지 생산 가능할지가 좌우된다. 위스키 원액이 담긴 통의 크기 또한 생산량에 큰 영향을 미치지만 싱글 배럴로 생산 가능한 위스키의 양은 대략 250~300병 정도다. 진정한 싱글 배럴 위스키는 대체로 라벨에 통 번호가 표기되므로 특정 스타일의 싱글 배럴 위스키를 선호한다면 똑같은 통의 제품을 구매하면 된다.

특히 미국 켄터키주를 중심으로 스몰 배치 위스키나 보통 등급의 위스키와 비교해서 높은 가격대로 출시되는 대량생산형 싱글 배럴 위스키가 점차 증가하는 추세에 있다. 에번 윌리엄스, 놉 크릭, 포어 로제스 등은 한정판 싱글 배럴 위스키나 자사의 일반 상품과 비교해 높은 가격대의 다양한 싱글 배럴 위스키를 내놓고 있다. 블랜튼 같은 버번 브랜드는 한정판 싱글 배럴 버번을 출시한다. 싱글 배럴 위스키라고 해서 무조건 다 장기간 숙성되는 것은 아니며 오히려 보다 특별히 선별된 통의 원액을 사용한 사실을 마케팅에 내세우는 편이다. 실제로 대형 증류소들은 풍미의 일관성 유지가 보장될 것이라는 타당한 확신에 따라 대체로 저장고의 동일 위치에 보관되는 통의 원액을 사용한다. 미국의 버번이나 호밀 위스키 싱글 배럴 등급들은 같은 제품군에서도 어느 정도 차이를 보이는 경향이 있지만 제품의 일관성이 무너질 정도로 차이가 크지는 않다. 이런 미국산 싱글 배럴 위스키를 구매하는 것은 조립라인처럼 쭉 늘어서 있는 여러 통 가운데 하나에서 원액을 뽑아 병입된 위스키를 구매하는 것과 같다. 블렌딩 과정이 진행되지는 않지만 대체로 해당

KNOB
CREEK
SINGLE BARREL
RESERVE
straight bourbon whiskey
SMALL batch
aged nine years
120 PROOF

브랜드의 일관된 알코올함량을 맞추기 위해 병입 전에 물이 첨가되기는 한다. 더 비싼 값을 내고 미국산 싱글 배럴 위스키를 구매할 가치가 있는지 없는지는 당신의 취향과 가치판단 기준에 따른 문제지만 내게 추천의 말을 듣고 싶다면 뒤에서 설명하고 있는 '매시빌 논쟁'(92쪽 참조)을 읽어보며 똑같은 매시가 여러 제품에 사용되는 위스키들을 비교해보길 권한다.

반면 스카치위스키는 특정 연수에 이르러야만 싱글 배럴 등급으로 병입된다. 한 병에 5만 달러가 넘는 스카치위스키가 있다면 그 위스키는 40년 이상 된 것이며, 싱글 배럴 등급일 가능성이 높다. 증류소에서 스카치위스키를 통째로 구매하는 독자적 블렌딩업체들이 통별로 병입해 상품을 출시하기도 하지만 스코틀랜드에서는 아주 특별한 상품의 경우를 제외하면 이런 관행이 드물다. 스카치위스키는 재사용 통의 활용이라는 불리함을 떠안고 있으며, 이는 다시 말해 그 통들이 (대체로 미국이나 유럽의 다른 지역에서) 분해된 상태로 운송된 다음 재조립해 사용된다는 의미다. 게다가 이전 사용 시 그 통에 담겨 있던 술의 품질이 제각각이라는 점도 감안해야 한다. 어떤 통은 9년 동안 버번의 숙성에 사용되었을 수도 있고, 3년이 채 안 되는 기간 동안 값싼 위스키를 숙성시키는 데 사용되었을 수도 있다는 이야기다. 각 통에 감춰진 이런 각각의 내력은 스카치위스키의 숙성에 예측 불가능성을 더한다. 비교적 확실성이 담보된 새 오크통을 사용하는 켄터키주 위스키와는 달리 재사용 오크통에서 숙성되는 스카치위스키는 매우 다양성을 띠게 되어 싱글 배럴 상품의 경우 일관성을 지키기가 더 힘들다. 그래서 앞에서도 설명했듯이 스카치위스키는 대체로 여러 통의 원액이 블렌딩되는 상품들이다.

싱글 배럴 위스키와 달리 스몰 배치(소량생산) 위스키는 원액을 여러 통에서 뽑아 쓸 수 있어서 사실상 사용 가능한 통의 수에 제한이 없으며, 스몰 배치 상품이라고 하면 간단히 '일반 상품보다 희귀한' 상품쯤으로 이해하면 된다. 스몰 배치 위스키는 주력 브랜드의 특별한 스타일이긴 하지만 병에 식별번호가 찍혀 있지 않다면 한정판 위스키라는 기대는 하지 않는 게 좋다. 스몰 배치 위스키에 대한 명품 이미지는 이 상품의 특별함보다는 품질 쪽에 초점이 맞춰져 있다. 더 오래 숙성되었거나 물이 덜 희석된 상품이라는 측면에서 가치를 높이 평가해준다. 그런데 어찌 보면 스몰 배치 상품은 마스터 블렌더가 이런저런 시도 끝에 색다른 풍미를 담

스몰 배치 위스키에는 지켜야 할 법적 준수규정이 없다.

아낸 특별한 상품으로 보는 것이 맞을지도 모른다. 이와 같은 식의 가치기준도 (싱글 배럴 위스키의 경우와 마찬가지로) 스몰 배치 위스키를 구매하는 데 좋은 이유가 되지만, 스몰 배치 위스키에는 지켜야 할 법적 준수규정이 없다는 점을 감안해 신중히 구매하길 권한다. 대다수의 경우, '스몰 배치'라는 문구는 단지 더 희귀하고 더 고품질의 상품을 지칭하는 목적으로 쓰일 뿐이다.

싱글 몰트위스키 대 블렌디드 위스키 외

스카치위스키 세계에서 싱글 몰트위스키는 여전히 명성이 높지만 (스카치위스키 판매의 90%를 차지하는) 블렌디드 스카치위스키는 이류품으로 취급받고 있다.

이 명칭에서 '싱글'이라는 말에는 단일 증류소의 위스키 원액만으로 만들었다는 의미가 담겨 있다. '몰트'는 맥아를 가리킨다. 병 라벨에 '싱글 그레인'이라는 문구가 표기되기도 하는데, 여기에서도 싱글은 단일 증류소의 원액만으로 만든 위스키라는 뜻이며, 그레인은 위스키의 원료로 보리와 그 외의 곡물이 쓰였음을 암시한다. '퓨어 몰트'라는 문구도 쓰이는데, 이 문구를 보게 되면 여러 증류소의 위스키 원액이 블렌딩되었지만 100% 보리 위스키라는 의미로 해석하면 된다.

블렌디드 위스키는 전통적으로 병입업체에서 생산되고 있다. 여러 증류소에서 통째로 위스키를 구매한 뒤 위스키 원액을 서로 섞어서 블렌디드 위스키를 만든다. 세계에서 가장 유명한 블렌딩업체로는 조니 워커를 꼽을 수 있지만 조니 워커 위스키 외에도 저가에서부터 고가에 이르는 가격대에 걸쳐 뛰어난 블렌디드 위스키들이 다양하게 출시되고 있다. 블렌디드 위스키는 단일 곡물이든, 여러 곡물이든 원료를 자유롭게 사용할 수 있는데 대다수 블렌디드 스카치위스키는 보리에 옥수수 같은 다른 곡물을 섞어서 사용한다. 싱글 몰트 스카치위스키는 단일 증류소의 위스키 원액만을 원료로 쓰지만 싱글 캐스크(싱글 배럴) 제품이 아닌 한 그 단일 증류소에서 숙성된 위스키 원액들이 블렌딩된다.

싱글 몰트위스키의 성공적인 마케팅에 힘입어 싱글 몰트위스키가 블렌디드 위스키보다 고급이라는 인식이 퍼져 있다. 하지만 위스키의 세계는 이런 식의 단순한 논리로 바라보기에는 무리가 있는 복잡한 세계다. 블렌디드 스카치위스키는 저가 상품뿐만 아니라 고가의 상품도 출시된다. 저가 상품이 될지 고가의 최상품이 될지는 궁극적으로 최종 위스키에 들어가는 위스키 원액의 품질과 블렌딩업체가 적정하다고 생각하는 판매가에 따라 결정된다.

블렌딩업체들은 대체로 자체 증류소를 운영하지 않으며 그보다는 다른 증류소에서 통째로 위스키 원액을 구입한 후 블렌딩해 상품을 내놓는다. 블렌딩업체라고 하면 다른 증류소들에서 질이 낮은 위스키 원액밖에는 구입하지 못할 거라고 생각하는 사람들도 있다. 증류소들이 뛰어난 품질의 위스키 원액을 블렌딩업체에 팔 이유가 무엇이겠냐는 논리다. 하지만 잘 모르는 소리다. 증류소들은 자신들의 표준 풍미 프로필에 맞지 않는 위스키 원액은 기꺼이 판매한다. 비록 그 위스키가 흥미를 끌 만한 특징이 있다 하더라도 자신들의 목표 소비자층에게 잘 판매될 가능성이 낮기 때문이다. 물론 블렌딩업체들이 위스키 원액을 통째로 구입하는 일에 점점 어려움을 겪고 있는 것은 사실이지만 이는 오히려 늘어나는 수요 때문이라고 봐야 옳다.

대형 블렌딩업체들은 여러 증류소를 자회사로 거느린 기업체 구조로 운영되면서 자체적으로 공급을 충당하고 있다. 그라우스 계열의 위스키(페이머스 그라우스와 블랙 그라우스)는 에드링턴그룹 소유이며 소유주가 동일한 맥캘란, 하이랜드 파크에서 제조된 위스키 원액을 (경우에 따라 다른 증류소의 위스키 원액들까지도) 블렌딩해 생산한다. 그랜츠패밀리리저브는 글렌피딕과 발베니의 제휴업체이며, 이 세 곳 모두 동일 기업(윌리엄그랜트앤선즈 디스틸러스)의 소유다. 조니 워커의 소유주인 디아지오도 라가불린, 탈리스커, 오번 등 다수의 증류소를 거느리고 있다.

독자적 병입업체들은 증류소에서 위스키 원액을 통째로 구입하는 문제로 인해 공급 측면의 난관에 직면해 있지만 이런 고전의 와중에서 선전하는 병입업체들도 있다. 그 대표적인 예가 던컨테일러 스카치위스키다. 이 업체는 뛰어난 싱글 배럴 상품을 병입·출시하며, 블랙 불 스카치위스키 등이 상까지 받게 되면서 대박을 터트리는 중이다.

미국 위스키 시장에는 싱글 그레인 상품이 드물다. 미국산 위스키는 싱글 그레인 주조법보다는 어떤 곡물이든 섞어 넣을 수 있는 매시빌 주조법을 활용한다. 하

블렌디드 위스키는 전통적으로 병입업체에서 생산되고 있다.

지만 주조방식의 조건이 법으로 규정되어 있다. 예를 들어 버번은 법에 따라 옥수수 베이스의 증류주가 매시빌의 51%는 되어야 한다. 마찬가지로 호밀 위스키도 호밀 베이스의 증류주가 51% 이상 들어가야 한다. 미국 위스키의 경우 (호밀 위스키든 옥수수나 밀, 맥아 위스키든 간에) 나머지 49%에는 어떤 곡물을 써도 상관없다. 미국의 위스키는 여러 증류소의 위스키 원액을 블렌딩하는 경우가 드물다. 스코틀랜드에는 병입업자들과 블렌딩업자들이 흔하지만 미국에서는 대다수 위스키가 블렌딩되지 않고 출시된다. 스카치위스키가 여러 통의 원액을 섞는 과정을 통해 독특한 풍미를 끌어낸다면, 미국의 위스키는 독특한 풍미를 내기 위해 곡물의 다양한 비율에 집중한다.

미국산 위스키는 주로 매시빌 주조법을 활용한다.

피티드 위스키

위스키에서 훈연의 맛과 향이 느껴진다면 그 위스키는 흔히 '피티드' 위스키로 일컬어진다. 이 명칭은 훈연 풍미의 근원인 피트peat에서 따온 표현이다. 피트는 자연적으로 축적되는, 부분적으로 썩은 식물이나 유기물이다. 대개 이끼 같은 식물이 분해되는 과정에서 만들어진 것으로, 썩어가는 식물 아래쪽의 산소가 없고 축축하게 젖어 있는 지대에 축적된다.

역사적으로 피트는 나무가 풍족하지 못한 지역에서 연료로 쓰였다. 스코틀랜드의 여러 지역, 특히 거센 바람 때문에 나무가 자라기 힘든 서쪽 해안지대도 그러한 지역에 해당된다. 스코틀랜드 사람들은 수천 년 전부터 피트를 열 원료나 음식 조리용으로 두루 사용해왔다. 피트는 스코틀랜드의 위스키 유산에서도 빼놓을 수 없는 요소로 자리 잡았다. 실제로 아일레이섬은 나무를 찾아보기 힘든 지역이며, 이곳에서 생산되는 위스키는 대개 훈연 풍미를 지니는데 이런 훈연 풍미는 원래 필연성에 따른 결과였지만 현재는 전통에 따른 결과가 되었다.

몰팅 과정 중에 보리는 물에 담겼다가 건조된다. 증류에 들어가기 전 마지막 단계에서 보리는 대형 화덕의 바닥에 펼쳐져 건조되는데, 전통적으로 이런 화덕은 여건상 목재 대체물로 적절한 피트를 이용해 불을 피우게 된다. 이렇게 불을 피워 건조에 들어가는 과정에서 피트가 보리에 훈연 풍미를 입혀준다.

현재는 피트보다 더 저렴한 연료가 있어 화덕을 데우기 위해 꼭 피트를 써야 할 필요가 없는데도 아일레이섬 같은 지역에서는 여전히 전통에 따라 보리에 훈연을 입혀준다. 증류소들은 원하는 풍미 프로필에 따라 훈연의 양을 조절한다. 보리에 흡수된 피트 훈연에서는 화합물인 페놀이 발견되는데, 증류소들은 페놀의 수치를 ppm(100만분율) 단위로 측정하면서 증류 시 최종 위스키의 목표비율에 맞도록 훈연을 조절한다. 페놀은 3분의 1 정도가 증류 과정에서 소멸된다. 세계에서 피트 풍미가 가장 강한 위스키로 손꼽히는 브룩라디 옥토모어는 증류 전의 페놀 수치가 170ppm에 이른다. 하이랜드 파크는 35~40ppm을 목표 수치로 정해놓고 있다고 한다. 대다수 싱글 몰트 스카치위스키는 5ppm 이하인데, 이 정도는 위스키를 마실 때 거의 감지되지 않는 수준이다.

훈연 처리된 위스키는 대부분 스코틀랜드산이지만 대다수의 스코틀랜드 위스키는 과도하지 않은 정도로만 훈연 처리된다. 훈연 풍미가 전혀 들어 있지 않은 위스키도 더러 있지만 그중에서도 오래 숙성된 위스키에는 나무통에서 우러난 천연 훈연 향이 들어 있을 수도 있다. 위스키를 채우기 전에 숙성통을 불에 그슬리기 때문에 충분히 숙성되면 감지될 만큼의 훈연 풍미가 우러나오기도 한다.

피티드 위스키는 다른 방법으로도 생산이 가능하다. 발베니의 피티드 캐스크는 피트 훈연되지 않은 위스키를 17년 동안 숙성시켰다가 고도로 피트 훈연된 위스키를 담았던 통에 부어 추가숙성을 시킨다. 이런 과정을 거치면 피트 풍미가 후각에서는 잘 감지되지 않지만 미각에서는 잘 느껴지는 독특한 효과를 낼 수 있다.

훈연 풍미를 더하는 과정은 위스키에만 있는 것이 아니다. 멕시코 메스칼(아가베가 원료인 술이지만 테킬라의 원료로 쓰이는 아가베 품종 외에도 다양한 품종이 원료로 사용 가능하다)의 전통적인 주조법에서도 아가베의 훈연 처리 과정이 있다. 피티드 위스키 애호가라면 장인의 손길이 깃든 이런 훈연 처리 메스칼을 맛보길 추천한다. 그 외에도 훈연 처리된 위스키는 대개 스코틀랜드산이다.

그동안 친구나 고객들과 수차례 시음해온 경험에 비춰보건대 위스키에서 피트만큼 호불호가 갈리는 요소도 없다. 사람에 따라 훈연 풍미를 질색하기도 한다. 스모키 위스키가 싫어서 스카치위스키를 마시지 않는다고 말하는 이들도 있을 정도

역사적으로 피트는 나무가 부족한 지역에서 연료로 쓰였다.

다. 내 경우엔 스모키한 스카치위스키를 딱히 선호하는 편은 아니지만 전혀 스모키하지 않은 스카치위스키 못지않게 피트 풍미가 느껴지는 스카치위스키도 똑같이 즐겨 마신다. 그런 취향은 날씨에 따라 좌우되며, 특히 겨울은 스모키한 위스키를 마시기에 제격이다.

나는 피트 풍미가 살짝 감도는 스카치위스키를 선물하는 식으로 피트 질색파들을 피트 호감파로 바꿔주기도 했다. 시간이 지나다 보면 예민함도 줄어들기 마련이다. 사람들은 처음 접하는 것에 저마다 다른 취향을 나타내지만 취향이란 시간이 지나면서 변하기도 한다. 특히 자주 접하다 보면 더더욱 그렇다.

 ## 알코올함량의 숨은 경제

소비자들은 위스키 병에 찍힌 실제 알코올함량을 좀처럼 눈여겨보지 않는다. 법에 따라 위스키는 알코올함량이 최소한 40%가 되어야 하며, 대체로 이 정도가 적절한 기준으로 인식되고 있다. 그래서 간혹 40% 이상의 위스키라고 하면 무조건 너무 독한 위스키로 여기며 거들떠보지 않는 이들도 있다. 하지만 사실을 알고 보면 그렇게만 생각할 일이 아니다. 풍부한 풍미에 밸런스가 좋은 위스키는 알코올함량 40% 이상에서 기막힌 맛을 보여준다. 그런데 위스키는 대체로 위스키라는 이름을 내걸고 출시될 수 있는 법정 최소치로 희석되어 병입되는 경우가 많다.

나는 언젠가 켄터키주를 탐방하던 중에 알코올함량 40% 이상에서 기가 막힌 풍미가 발산된다는 점을 가장 절실히 느꼈다. 당시 나는 이 책을 쓰기 위한 추가조사의 목적도 겸해 여러 친구, 동료 작가들과 함께 그곳을 찾았다. 그 탐방에서의 하이라이트는 탐방단 가이드가 어떤 통이 분배라인으로 옮겨져 부어지기 직전에 그 통에서 직접 샘플을 슬쩍 빼냈던 순간이었다. 미루어 추측해보건대 그 캐스크 스트렝스의 샘플은 알코올함량이 65%쯤 되었다. 나는 샘플을 맛보자마자 놉 크릭의 버번임을 단박에 알아챘지만 주류 매장에서 구매하는 그런 놉 크릭이 아니었다. 그 버번에서 느껴지는 놀라운 풍미가 전부 다 농축되어 있었다. 미뢰에 느껴지던 그 맛은 내가 알고 있던 놉 크릭의 강력판이라 할 만했다.

그날 맛보았던 놉 크릭은 앞으로도 평생 잊지 못할 것이다. 위스키가 희석될 때 떨어지는 것은 알코올함량만이 아니다. 풍미의 농축도도 함께 떨어진다. 모든 위스키는 밸런스가 잡혀 있어야 한다. 그리고 밸런스가 잘 맞을지 아닐지는 증류소와 소비자 개개인의 취향에 달려 있다. 밸런스는 단지 취향의 문제뿐만 아니라 경제적 문제이기도 하다.

병에 캐스크 스트렝스 위스키라고 표기되어 있지 않다면 그 위스키는 증류소에서 알코올함량을 낮추기 위해 물을 섞어 희석한 것이다. 당연하게도 희석도가 높을수록 똑같은 양의 숙성 위스키 원액으로 생산 가능한 병 수가 늘어난다.

근래 위스키에 대한 수요는 증류소들이 미처 따라잡기도 힘들 만큼 폭발적이다. 버펄로 트레이스는 최근 재고가 바닥나 가고 있다고 토로했다. 2013년 메이커스 마크에서는 인기 상품의 알코올함량을 45%에서 42%로 낮출 계획이라고 발표하며 상품에 대한 수요에 부응하는 데 애로를 겪고 있어 어쩔 수 없다고 이유를 솔직하게 밝혔다. 하지만 인터넷에 항의글이 폭주하자 메이커스 마크는 얼마 못 가 계획을 철회하며 알코올함량을 그대로 유지하기로 했다. 어떤 사람들의 눈에는 이 사태가 소비자들의 승리로 비쳐질지 모르지만 나로선 메이커스 마크의 솔직함에 높은 점수를 주고 싶다.

알코올함량에 대해서는 절대적으로 단정지어 이야기하기가 불가능하다. 무엇보다 많은 위스키 애주가들이 위스키를 얼음이나 물로 희석해 마시는데 그런 애주가들에게는 3% 정도의 차이가 위스키 음미에 별 영향을 미치지 않을 수도 있다. 게다가 뛰어난 위스키란 밸런스의 문제이며, 이 경우 위스키의 알코올함량에 대한 보편적 이상이란 게 무의미해진다. 위스키에 따라 알코올함량 40%에서 기막힌 맛을 내기도 하고 60%에서 기막힌 맛을 내기도 하기 때문이다.

여기에서 몇 가지 고려할 사항들이 있다. 저렴한 위스키는 거의 예외 없이 최소 알코올함량이 40%이며, 미국의 경우 45% 정도인 것들도 더러 있다. 하지만 가격대를 조금 높여서 보면 스카치위스키는 43%, 버번은 50%로 높아지는 경향을 띤다. 풍미 가득한 위스키들은 높은 알코올함량을 다루는 문제가 까다로운 편이라 희석시킬 경우 고유의 특성이 약해질 수도 있다.

장기숙성된 위스키는 예외 없이 40%대 후반에 들며, 경우에 따라 순전히 풍미 때문에 캐스크 스트렝스로 병입되기도 한다. 숙성통에서 더 풍부한 풍미를 취할 수 있는 환경일수록 알코올함량도 높게 유지될 수 있다.

내 개인적 취향으로 볼 때 스카치위스키의 풍미가 제대로 전달되는 최적의 알코올함량 접점은 43~48% 사이인 듯하다. 옥수수 베이스이고 마우스필(입안의 느낌)이 묵직한 편인 버번은 50% 이상을 선호한다. 나에게는 이런 알코올함량이 중요한 문제다. 워낙에 위스키를 희석해 마시는 일이 드물고 약간의 얼얼함을 느끼고 싶어 하기 때문이다. 나라면 달콤한 풍미와 섬세한 질감을 느끼고 싶을 땐 차라리 와인을 마시겠다.

이런 규칙에도 예외는 있다. 알코올함량 64% 정도에서 병입되는 부커스의 버번은 독하지만 스트레이트로 즐기기에도 무난하다. 실제로 나와 시음을 한 손님들 중에는 부커스의 버번이 아주 높은 알코올함량에도 불구하고 희석된 다른 버번들보다 맛이 좋다고 말하는 사람들이 많았다. 반면 글렌피딕의 21년산 그랑 레세르바는 알코올함량 40%에서 병입된다. 이 위스키는 알코올함량이 더 높은 다른 장기숙성 위스키들과 같이 맛을 보면 묻혀버리고 만다. 하지만 단독으로 맛보면 매력적이도록 미묘하고 깊은 풍미가 느껴진다. 상당한 가격대에도 불구하고 복잡미묘한 매력이 제대로 갖춰지지 않은 위스키도 많고, 만약 글렌피딕이 알코올함량을 더 높여서 병입했다면 이 위스키 역시 그 미묘함이 무너졌을 거라 믿어 의심치 않는다. 앞에서 예로 든 두 위스키의 중간쯤에 해당되는 예는 스카치위스키 애호가들의 사랑을 받는 조니 워커 블랙 라벨이다. 나는 이 위스키의 뛰어난 가치를 즐기지만 내 생각엔 알코올함량 40%에서 병입되는 탓에 얼얼함이 살짝 부족해서 약간의 아쉬움이 남는다. 알코올함량이 더 높았다면 보다 인상적인 위스키가 되었을 테지만 그랬다면 가격대도 좀 더 높아졌을 것이다.

알코올함량에 관해서는 명확하게 규칙을 정리하기 힘들지만 대략적인 규칙은 세워놓을 수 있다. 알코올함량이 높은 편인 위스키의 가치를 중시하되 알코올함량이 40%라고 해서 무조건 무시하지 않는 것이다. 아무튼 가장 좋은 척도는 해당 증류소의 신뢰성일지 모른다. 물을 얼마나 첨가하고 수익성(물을 많이 섞을수록 수익성이 높아짐)과 풍미(대체로 첨가되는 물이 적을수록 풍미가 좋아짐) 사이의 밸런스를 어떻게 유지할지는 궁극적으로 증류소의 선택에 달려 있으니 말이다.

글렌피딕의 21년산 그랑 레세르바를 단독으로 맛보면 미묘하고 깊은 풍미가 느껴진다.

위스키계의 트렌드: 호밀 위스키

호밀 위스키는 버번에 묻혀 관심 밖으로 밀려났던 전통 위스키다. 옥수수의 달콤함과 진한 풍미를 높게 평가하는 버번 애호가들에게는 거슬릴 만큼 알싸하고 강렬하다고 느껴지기 쉽다. 첫인상은 그렇다 해도 거의 모든 버번에는 약간의 호밀이 섞이므로 버번 애호가들도 호밀의 알싸한 풍미를 어느 정도 접해온 셈이다.

힙스터(대중의 큰 흐름을 따르지 않고 자신들만의 고유한 패션과 음악문화를 좇는 사람들-옮긴이) 문화의 부상으로 호밀 위스키가 점차 주목받고 있다. 현재는 리텐하우스, 블레, 놉 크릭, 반 윙클 같은 정통 호밀 위스키 생산 증류소들을 위시해 여러 증류소에서 생산하고 있다. 이러한 추세는 칵테일 분야에서 두드러진다. 한 예로 전통 칵테일 맨해튼에는 호밀 위스키가 들어간다. 현대식 맨해튼은 대체로 버번이 사용되지만 이런 양상도 날로 성장하는 칵테일 문화 속에서 빠르게 변해가는 추세다.

호밀은 모래나 피트 같은 척박한 토양에서도 잘 자라는 강인한 곡물로 유명하다. 가을에 심어 봄과 여름에 수확하거나 간혹 겨울에도 무럭무럭 자라 보너스 작물로 여겨지기도 했다. 위스키의 관점에서 볼 때 호밀은 엄연한 곡물이므로 밀, 보리, 옥수수를 원료로 쓰는 위스키의 제조방식과 유사한 과정을 거쳐 위스키가 될 수 있다. 대다수 버번에는 호밀이 어느 정도 섞여 알싸한 첫맛과 긴 여운을 부여한다. 예를 들어 블레 버번은 호밀의 풍미가 묵직한 버번이며 증류된 호밀의 알싸한 향이 옥수수에서 추출된 진한 단맛과 밸런스를 맞추고 있다.

미국에서는 라벨에 호밀 위스키로 표시되기 위해서는 호밀 매시가 최소 51% 이상 사용되어야 한다. 호밀 위스키에 '100% 호밀 위스키'라는 문구가 찍혀 있지 않다면 그 위스키에는 옥수수가 일부 원료로 쓰였고, 경우에 따라서는 최종 블렌딩 과정에서 보리 베이스 곡물 위스키 원액도 섞였을 가능성이 높다.

호밀 위스키는 지난 수 세기 동안 인기를 끌었다 잃었다를 반복했다. 과거에는 재배 비용면에서 호밀이 경제적이었기 때문에 증류소들이 호밀을 주원료로 사용해 보다 저렴한 위스키를 생산할 수 있었다. 블레의 주조법 같은 몇몇 전통적 주조법에서는 100%에 가까운 호밀 베이스를 쓰는 일이 예사였지만 블레가 시장에 재진입하던 무렵엔 당시 더 인기가 높았던 호밀 풍미 강한 버번을 만드는 방향으로 원료 사용비율에 변화가 일어났다. 블레는 현재 블레 라이라는 새로운 상품을 출시하면서 원래의 주조법에 더 가까운 방식을 따르고 있다. 상당수의 증류소들이 늘어나는 수요에 맞춰 호밀 위스키를 새로운 상품으로 내놓고 있다.

호밀은 캐나다 위스키를 가리키는, 용인 가능한 속어로 쓰이기도 한다. '용인 가능한'이라는 표현을 쓴 이유는 원론적으로 따져서 캐나다의 위스키 제조자들은 호밀이 조금도 들어가지 않은 경우에도 병에 호밀이라는 문구를 표시할 수 있기 때문이다. 이런 라벨 표기관행은 역사적 내력과 관계가 깊다. 초창기 캐나다 위스키들은 옥수수 베이스 매시에 호밀을 조금씩 섞어 생산했다. 이런 식의 호밀 첨가는 보다 저렴한 캐나다 위스키를 만드는 동시에 캐나다 위스키만의 독특한 풍미를 부여하기 위한 것이었다. 그리고 이렇게 생산된 위스키가 미국에서 판매되면서 호밀은 캐나다산 위스키를 미국산과 구별하는 용어가 되었다. 요즘에는 주조법이 크게 달라지면서 (캐나다산이나 미국산을 막론하고) 대다수 북미산 위스키들이 어느 정도의 호밀을 섞어 쓰고 있다. 하지만 캐나다에는 호밀 위스키에 관한 법 규정이 없기 때문에 캐나다 위스키 제조업체들은 전통 주조법과 다른 방식으로 생산된 위스키에도 여전히 병 라벨에 '호밀'이라는 문구를 집어넣는 경우가 많다.

상당수 증류소들이 늘어나는 수요에 맞춰 호밀 위스키를 새로운 상품으로 내놓고 있다.

위스키계의 트렌드 : 화이트 위스키

위스키는 나무통에 담기기 전에는 알코올함량이 높고 빛깔이 무색투명하다가 통 숙성을 거치는 과정에서 빛깔이 짙어진다. 하지만 증류소 입장에서 볼 때 숙성은 큰 비용이 들어가는 과정이다. 상품을 수년 동안 통 속에 묵혀둬야 하기 때문이다. 특히 신흥 크래프트 증류소들로선 당장의 수입이 아쉬운 형편이며 그렇다 보니 어 느 순간부터 이런 증류소들 대다수가 당장의 수입을 위해 화이트 위스키(화이트 도 그 또는 문샤인으로 불림)를 판매하기 시작했다.

화이트 위스키는 새로운 상품에 목말라 하던 칵테일 바에서 차츰 인기를 끌게 되었다. 소비자들 역시 나무통에서 숙성되기 전의 위스키 맛이 어떨지 궁금해 하 며 화이트 위스키에 관심을 보였다. 성장 추세에 오른 이 시장분야를 개척한 장본 인은 크래프트 증류소들이었지만 현재는 대규모 증류소들도 화이트 위스키 상품 을 앞다투어 내놓고 있다.

이쯤에서 확실히 짚고 넘어갈 부분이 있다. 화이트 위스키는 보드카와는 다르다 는 점이다. 보드카 역시 위스키처럼 곡물을 원료로 쓰는 증류주이지만 정제 과정 을 거치면서 풍미의 상당 부분이 제거된다. 위스키는 당연히 곡물 자체에 담긴 특 성을 띠게 된다. 증류기에서 나온 위스키를 맛보면 거부감이 들 테지만, 특히 밤 새 술을 마신 후 아침에 증류소 탐방을 간 경우라면 더 그렇겠지만(그렇다고 내가 그 랬다는 이야기는 아니다) 아무튼 그럼에도 풍미를 띠고 있다. 화이트 위스키는 대체로 맛 조절을 위해 희석이 된다.

기회가 된다면 화이트 위스키를 찾아 맛보길 권한다. 화이트 위스키는 위스키가 증류 후에 어떤 맛이 나는지에 대해 좋은 인상을 심어주며, 바텐더들도 칵테일에 화이트 위스키를 즐겨 섞는다. 이 책에서는 화이트 위스키의 대표 증류소들을 다 루지 않았지만 그 위스키들을 구입할 수 있는 지역이 여기저기 흩어져 있다는 점 이 주된 이유로 작용했을 뿐이다. 다만 아쉬운 대로 추천의 말을 덧붙이자면, 누구 나 아는 유명 업체보다는 크래프트 증류소들의 상품을 권한다. 이런 증류소들의 화이트 위스키가 보다 세심한 손길이 배어 있을 가능성이 높기 때문이다.

CHAPTER 3   위스키 즐기기

시음노트

시음노트는 엉뚱하기도 하고 같은 말의 반복일 때도 많다. 그만큼 특정 종류(버번 등)에 해당되는 여러 위스키에서 비슷비슷한 풍미가 느껴진다는 이야기다. 평론가들은 위스키에 대한 평을 쓸 때 이런 유사한 풍미 속에서도 그 위스키만의 독특한 개성을 공들여 찾아낸다. 시음을 많이 해볼수록 시음노트는 더 엉뚱해지지만 그렇다고 해서 나쁠 것은 없다. 시음을 하다 보면 얼마 지나지 않아서부터 바닐라 향이 감도는 시럽처럼 달콤한 위스키를 맛볼 때 메이플 시럽이 잔뜩 올려지고 마지막에 후추 맛이 도는 바닐라 케이크가 만들어진 지 열흘 지났을 때의 맛을 연상하게 된다. 이런 식의 과장은 다른 식의 표현으로는 비슷비슷한 특징이 될 만한 술에 그 풍미와 자신의 경험 사이의 연상을 떠올림으로써 어떤 의미를 부여하려는 것이다. 위스키의 풍미와 물고기 사이에 직접적인 상관관계가 없음에도 불구하고 시음노트에 '갓 낚아올린 물고기 같은' 등의 표현이 나오기도 하는 이유가 바로 여기에 있다. 이런 식의 시음노트는 정말로 흔하다! 위스키 평론가는 희미한 향까지 꼼꼼히 맡으면서 그 향에서 어린 시절 낚시를 하던 때의 추억이 연상된다면 종이에 그 느낌을 그대로 적는다.

초짜 위스키 평론가는 한 번의 시음으로 시음평을 이것저것 잔뜩 가져다 붙이며 그중 뭐라도 깊은 인상으로 각인되길 바라기 쉽다. 위스키를 제대로 시음하기 위해서는 적어도 세 번 이상 맛보는 것이 좋다. 그것도 가급적 며칠이나 몇 주, 심지어 몇 달의 기간을 두고 시음해보는 것이 좋다. 그러다 보면 캐러멜 풍미가 토피(사탕의 일종-옮긴이) 풍미로, 바닐라 향이 계피의 향으로 다르게 느껴지는 등 그날그날의 시음노트가 달라지기도 한다. 참고로 세계 최초의 위스키 전업작가인 짐 머레이는 미각을 시음에 적합하도록 준비시키기 위해 에스프레소나 그 외의 쌉쌀한 풍미를 맛볼 것을 권한다.

시음노트는 대개 세 단계로 이루어진다. 첫 번째는 노즈, 즉 위스키에서 풍기는 향을 묘사하는 시음평이다. 두 번째는 미각적 시음평으로 가장 두드러지는 주된 풍미를 묘사한다. 마지막 세 번째는 여운에 대한 시음평으로 처음 느껴진 풍미가 사라진 후에 혀에 오래 남아 있는 풍미를 묘사한다. 더러는 마우스필도 함께 묘사

위스키를 제대로 시음하기 위해서는 적어도 세 번 이상 맛보는 것이 좋다.

된다. 마우스필은 버번과 싱글 몰트 스카치위스키를 입안에 머금었을 때 느껴지는 차이 등 위스키의 질감과 관련된 부분이다. 위스키의 밸런스나 전반적인 구조도 전체적인 조화를 평가하는 중요한 요소다. 밸런스가 잡힌 위스키는 기분 좋은 노즈, 조화로운 맛, 멋진 여운이 서로 잘 어우러져 있다. 이상적으로 표현하자면 뛰어난 위스키는 한 편의 이야기와 같다. 음식이 그렇듯 위스키도 풍미들이 서로 잘 어우러져야 한다.

시음노트는 짧게 수정되는 경우가 많다. 한 예로 나는 최근에 뛰어난 일본산 위스키 히비키 21년산을 맛본 적이 있는데 이때 썼던 원래의 시음노트도 다음과 같이 장황했다.

첫 풍미는 강렬하다. 바닐라 케이크처럼 단맛이 확 터진다기보다는 알싸함과 달콤함이 어우러진 강렬한 풍미다. 견과류 풍미가 느껴지지만 대다수 보리 위스키와 비교해볼 때 한결 짙다. 오크향이 환상적이다. 훈훈한 질감이 기분 좋게 전해지기도 한다. 고급 스카치위스키를 마시는 기분이라고나 할까? 씁쌀하지 않은 다크초콜릿을 머금은 기분도 든다. 밸런스가 잘 잡혀 있다. 하지만 과하게 증류되어 밋밋해진 위스키에서 느껴지는 그런 시시한 밸런스와는 다르다. 풍부한 풍미가 미묘함 없이 밸런스를 이루고 있다. 마치 더 좋은 성능을 가진 음질이 선명한 사운드 시스템으로 좋아하는 앨범을 듣는 기분이다. 멋들어진 향신료 풍미가 여운으로 남는다. 나무통 숙성을 거치면서 우러난 훈연 풍미의 질감이 기분 좋다. 마치 혀에 설탕이 얹힌 것처럼. 후추 향이 후끈한 열기와 함께 전해지고, 불에 구운 시트러스 같은 향이 은은하게 느껴진다. 버터에 구운 고기가 연상되면서 스테이크를 머금은 듯 느껴지기도 하는 이 위스키는 처음부터 끝까지 쭉 버터의 특징이 강하다. 향이 유일한 약점이라 할 만하지만 풍미가 워낙 기가 막혀서 그런 약점쯤은 대수롭지 않다.

시음노트는 비교적 친숙한 풍미 표현을 담기 위해 수정된다.

첫 시음에서는 향에서 그리 깊은 인상을 받지 못했지만 당시는 잘 떨어지지 않던 지독한 감기의 끝물이기도 했다. 나에게 이 시음노트는 그날 음미했던 그 풍미들을 떠올려주지만 다른 이에게는 별 감흥이 없을 수도 있다. 그런 이유 때문에 시음노트는 비교적 친숙한 풍미 표현을 담기 위해 수정된다.

나는 이 책에서도 애초의 집필의도에 맞게 시음노트를 사람들이 쉽게 접하는 풍미로 표현하려 했다. 대부분은 시음노트를 짤막하게 작성했지만 이것이 모든 위스키에 해당되지는 않는다. 또한 이 책에서 자세히 소개되는 상품의 시음평은 하나도 예외 없이 여러 번의 시음 후에 작성된 것들이다.

위스키를 나무통 숙성을 거치는 곡물 원료의 증류주라고 설명하면 단순하게 들릴지 모르지만 여러 단계의 과정을 거치면서 복합적인 풍미가 부여되는 간단치 않은 술이다. 위스키 제조 과정 중에는 위스키에 풍미를 더하는 과정(발효와 숙성)과 풍미를 제거하는 과정(증류와 여과)이 있다.

예를 들어 효모는 대체로 위스키의 식물 계열 풍미의 원천이다. 위스키에서 초록 풀의 향이 난다면 그 기분 좋은 풍미는 효모로부터 부여된 것이다. 하지만 효모는 위스키에서는 그다지 바람직하지 않은 유황과 비누 특유의 풍미를 유발시키기도 한다. 유황은 구리 단식증류기나 구리관을 사용해 제거되지만 증류소가 구리를 정기적으로 청소해주지 않으면 최종 위스키에 유황이 잔존하게 된다. 비누 특유의 풍미 역시 거슬리는 부분이다. 위스키에서 비누를 머금은 듯한 맛이 난다면 증류 과정에 문제가 있었을 가능성이 높다.

곡물 또한 풍미에 영향을 미친다. 보리는 견과류와 식물 계열 풍미에 영향을 주는 편이며, 호밀은 대체로 알싸한 풍미를 유발한다. (보리와 호밀은 물론 그 외의 어떤 곡물이든 원료로 사용하는) 보드카와 달리 위스키는 원료로 쓰이는 곡물의 원래 특성을 지키는 방향으로 맞춰진다.

한편 나무통은 대부분의 풍미를 부여하는 존재다. 통은 따뜻한 기후에서는 어린 위스키에 보다 생동감 있고 싱싱한 풍미를 우려내지만 서늘한 기후의 경우 그와 유사한 풍미를 우려내기 위해 보다 긴 숙성기간이 필요하다. 통 숙성에 있어 최상의 기후조건은 겨울에는 통이 수축되고 여름에는 크게 팽창되는 변화무쌍한 기후다. 이런 기후에서는 계절이 바뀔 때마다 통의 수축과 팽창에 따라 통 속의 원액이 바깥쪽으로 밀려나갔다 안쪽으로 당겨졌다를 반복하게 된다.

바닐라슈거, 캐러멜, 토피 등 위스키에서 강렬하게 느껴지는 풍미들은 모두 나무통에서 우러난다. 미국 위스키는 대개 새 오크통을 사용하는 만큼 이런 달콤한

서늘한 기후의 경우 그와 유사한 풍미를 우려내기 위해 보다 긴 숙성기간이 필요하다.

풍미들이 묵직한 편이다. 스코틀랜드 위스키는 대체로 재사용 오크통을 사용하기 때문에 맛이 좀 더 미묘하다. 두 지역의 위스키는 각 지역 사람들이 흔히 하는 이야기 속에 그 특징이 가장 잘 들어맞게 포착되어 있다. 우선 미국의 위스키 제조자들은 으레 말하길 나무통에서 최상의 풍미를 얻은 후 그 나머지를 스코틀랜드에 남겨준다고들 한다. 그런가 하면 스코틀랜드에서는 복잡한 곡물인 보리는 이미 사용된 적이 있어 풍미가 미묘한 나무통이 제격이라고들 말한다.

물론 둘 다 맞는 이야기다. 두 지역 위스키의 차이점은 각각 다른 목표 소비자층에서도 나타난다. 버번 애주가들은 풍미가 두드러진 위스키를 즐기는 편이지만 싱글 몰트 스카치위스키 애주가들은 오래 이어지는 여운을 즐기는 경향이 있다. 이것은 어느 한쪽이 틀리거나 옳거나 한 문제가 아니라 풍미에 대한 취향의 차이일 뿐이다.

나는 위스키 애주가로서의 경력 초반에 너무 빨리 사랑에 빠지거나 첫 모금만 맛보고 거부감을 갖는 실수를 저질렀다. 그런 실수는 사춘기 시절의 풋사랑과 다르지 않다. 섣불리 판단하고 너무 오래 집착하는 경향을 보이기 때문이다. 이제 나는 시음을 할 때 특정 위스키에는 흥미로운 무언가가 있을 것이라 생각하며 임한다. 따라서 흥미로운 무언가를 찾고자 노력한다. 때로는 그 흥미로운 무언가가 너무 흔하거나 식상할 때도 있지만 어떤 경우라 해도 대다수의 위스키에는 소비자들의 마음을 끄는 풍미가 있다.

바에서 하는 위스키 시음은 미각을 발달시키는 아주 좋은 방법이다. 대도시라면 시음코스를 제공하는 바가 적어도 서너 곳은 있기 마련이다. 그런 시음코스 이용을 권하고 싶다. 메뉴판에 시음코스가 안 보이면 바텐더에게 그런 서비스를 부탁해도 좋다. 나도 그런 부탁을 자주 하는데, 대다수 바들이 기꺼이 응해주면서 세 가지 종류의 위스키를 각 위스키의 3분의 1 값만 받고 따라주는 편이다.

공들여 이것저것 알아본 끝에 자신에게 딱 맞는 위스키를 구매했는데도 막상 집에 와서 개봉하는 순간 기대와는 다른 맛이 날 수도 있다. 그렇다고 성급히 실망하지는 마시길. 나 역시 처음 개봉하는 순간부터 만족스럽게 음미하는 경우가 드물다. 몇 번 따라 마시다 위스키가 병목 아래쪽까지 비워질 때쯤 비로소 그 위스키 특유의 개성을 제대로 느끼게 되는 편이니 말이다.

 위스키의 보관

흔히들 위스키 보관에는 별 주의를 기울이지 않는데, 다 그럴 만한 이유가 있다. 병에 담긴 후에도 숙성을 이어가는 와인과 달리 위스키는 숙성기간이 통 속에 담겨 있는 기간으로 한정되기 때문이다. 일단 병에 담기면 그 안에서는 거의 변화를 일으키지 않는다. 대체로 미개봉한 위스키는 무기한으로 보관이 가능하지만 그럼에도 몇 가지 따라야 할 규칙은 있다.

산소와 직사광선은 위스키의 화학구조를 (그래서 결국엔 맛까지) 변화시키기 쉬운 요소들이다. 이 두 요소는 접촉 시 영향을 미친다. 위스키는 산소와 만나 산화되면 특유의 향을 잃게 되는데, 이 가운데 특히 시트러스 향이 큰 타격을 입는다. 실제로 시험을 해보고 싶다면 위스키를 잔에 따라 밤새 놔둬 보면 된다. 다음날 시음해 보면 맛이 바뀌어 입맛이 돋지 않을 정도로 밋밋해져 있을 것이다. 산화속도는 꽤 느린 편이라 병을 개봉한 후에도 코르크로 막아놓는 한 감지될 만한 변화는 거의 일어나지 않는다. 하지만 직사광선을 쬐면 산화에 가속도가 붙는다. 병이 가득 차 있을 때는 햇빛에 노출되어도 병 안에 산소가 들어찰 공간이 거의 없기 때문에 위스키에 타격이 가해질 가능성이 낮다. 하지만 병이 거의 비워질 때쯤엔 이미 변질이 진행되는 중이며, 햇빛에 노출될 경우 그 속도는 더욱 가속화된다.

위스키를 일단 개봉한 뒤의 적절한 보관기간에 관해 조언하는 글들이 많은데 대다수는 그리 걱정 안 해도 된다는 투의 이야기다. 내 경험에 비춰 말하자면 나는 병이 절반이나 3분의 2쯤 비워졌을 때가 되면 슬슬 조바심이 난다. 개인적인 확신에 따르자면 몇 달 내에 그 병을 비워야 하거나 친구 집에 놀러 갈 때 와인 대신 그 위스키를 가져가야 하는 시기이기 때문이다. 내 경우 피티드 위스키는 다른 위스키에 비해 빨리 마시는 편이다. 왜냐하면 오래 두고 마시면 병이 다 비워질 때쯤엔 그 강렬한 훈연 풍미가 흔적도 없이 자취를 감추기 때문이다.

어떤 사람들은 위스키를 건조하고 서늘한 곳에 보관하라고 권하는데 이 말은 몇십 년 보관할 작정인 고급 위스키에 관해서라면 새겨들을 만한 충고지만 1년 내에 마시려고 산 보통의 위스키라면 그냥 흘려들어도 무방하다.

위스키에게 베풀 수 있는 최고의 호의는 꾸준히 마시는 것이다. 초반엔 천천히 마시다 병이 비워짐에 따라 속도를 올려가며 마시는 것이 좋다.

고가의 위스키를 구입해 어쩌다 한 번씩 마시는 수집가들의 경우라면 유리구슬이 좋은 해결책이다. 위스키가 비워지는 만큼 병 안에 유리구슬을 집어넣어 공간을 채움으로써 산소포화도를 낮추는 것이다. 물론 다른 방법도 있다. 더 작은 병에 옮겨 담는 방법이다. 이렇게 하면 위스키를 마시기 좋은 상태로 유지하는 데는 유용하지만 내 경우엔 몇 년을 보관하며 두고두고 마시고 싶은 위스키일 때만 이 방법을 쓴다.

여기까지 읽다 보니 몇 년 전에 사두었다가 반쯤 비워진 위스키에 문득 신경이 쓰여 위스키의 상태가 괜찮을지 의문이 들지도 모르겠다. 그 정도로 오래되었고 아주 비싸게 산 것이 아니라면 상태가 그다지 좋지 않을 가능성이 있다. 그런 위스키라면 섞어서 마시든 친구들과 나눠 마시든 되도록 빨리 비우는 게 상책이다. 더 맛 좋은 위스키를 보관할 수 있는 자리에 괜히 공간만 차지하도록 방치하지 말라는 소리다.

와인은 코르크가 마르지 않도록 옆으로 뉘어서 보관하지만 위스키는 높은 알코올함량과 자극에 민감한 분자들이 코르크와 끊임없이 상호작용하기 때문에 옆으로 뉘어서 보관하지 않아도 된다. 오히려 위스키 병은 애초부터 똑바로 세워서 보관하도록 만들어진다. 위스키 병의 디자인이 왜 그렇게 독특하겠는가? 세워서 눈에 띄도록 진열해놓으라고 그런 것이다.

위스키 캐비닛의 미학

위스키 애호가의 길로 이끄는 신비의 마력 중 한 가지는 바로 병의 미학이다. 나는 늘 위스키를 눈에 잘 띄는 곳에 진열해놓는다. 잔 뒤쪽이든 선반 위든 주방용 조리대 위든 (이 책을 쓰고 있는 지금처럼) 식탁 위에 어지럽게 늘어놓든 간에 어떤 식으로든 말이다. 위스키 초보자들은 대부분 병 모양을 보고 구매하며, 대다수 위스키 병은 특정 고객층을 끌기 위해 특별히 디자인된다.

위스키 진열장에 멋지게 디자인된 병들을 넣어두면 어쩐지 분위기가 살고 시선

이 끌리기 마련이다. 특히 블랜튼은 해저 밑바닥에서 건져올린 오래전 잃어버린 위스키를 보는 듯한 기분에 젖게 한다. 이 위스키는 풍미가 부드러워서 입문자들에게 잘 맞는 데다 병 모양도 독특하다. 조니 워커는 특유의 각진 사각형 모양이 인상적이다. 병 모양을 보고 "저거 비싼 위스키 아니에요?"라고 묻는 사람들도 많다. 브룩라디와 발베니의 병들은 고전적인 스타일로 병 모양이 단순하고 둥글둥글하면서 목이 짧고 굵직하다. 이런 병에서 위스키를 따라주면 언제나 한턱 내는 기분이 든다. 브룩라디의 더 클래식 라디는 짙은 청록색의 독특한 빛깔로 진열장을 화사하게 밝혀준다. 글렌로티스의 병들은 바닥 부분이 좁고 전체적으로 더 동글동글한 모양이 특징이다. 메이커스 마크 46도 유독 눈에 띄는 디자인이며, 글렌모렌지의 병들은 짧고 굵은 위스키 병들 사이에서 두드러져 보일 수 있게 의도적으로 길쭉하고 갸름하게 디자인되었다.

와인 병과는 달리 위스키 병은 특정 순서에 맞춰 보관해둘 필요가 없다. 이쪽저쪽 내키는 대로 놓아도 상관없다. 다만 내 경험에 비춰 한 가지 당부해두자면, 최

내 친구들인 매트 마크와 지젤 랜의 위스키 진열대

Blanton's

THE ORIGINAL
SINGLE BARREL
BOURBON WHISKEY

This Bourbon whiskey dumped on 1·31·14 from Barrel
Stored in Warehouse   H   on Rick No. 30
Individually selected, filtered and bottled by hand at 93
KENTUCKY STRAIGHT BOURBON WHISKEY   46½% ALC. VOL

상급 위스키는 가급적 맨 위쪽에 놓아두는 편이 좋다. 더 높은 층에 둘수록 본인을 포함해 호기심 많은 손님들이 위스키를 마시다가 별 생각 없이 집어들 가능성이 낮기 때문이다. 이 방법은 파티 도중 이미 위스키를 어느 정도 마신 새벽 2시에 최상급 위스키를 꺼내드는 불상사를 미연에 방지하는 예방책이 되기도 한다. 비싼 것이니 즐기지 말고 아껴두라는 이야기가 아니다. 단지, 이미 거나하게 마신 뒤라면 더 저렴한 위스키를 고르는 편이 낫다는 이야기다.

퍼펙트한 위스키 진열장 갖추기

마케팅 전문가들에게 들은 바로는 위스키 소비자들이 위스키 진열장에 넣어두는 위스키의 평균 개수는 여섯 병이라고 하는데 위스키 진열장이 다양한 종류로 채워져 있는 한 이 정도면 적당한 개수라고 본다.

위스키 진열장에 여섯 병을 채워놓으려면 금전적으로 버거울 수도 있지만 내가 (위스키 관련 글을 쓰기 전부터) 수년간 활용해온 체계를 바탕으로 여섯 병 정도는 채워둬야 할 근거를 대보겠다. 당신이 일주일에 위스키를 3온스(89밀리리터) 정도 마신다고 치자. 이 정도 양이면 잔을 얼마나 가득 채우느냐에 따라 일주일에 한 잔에서 세 잔 정도를 마시는 것이고, 이런 수치라면 매년 위스키 여섯 병을 마시게 된다. 물론 대다수 위스키 광팬들의 경우라면 이 수치를 두 배나 세 배 정도로 높일 만하다. 친구들이 자주 놀러온다면 더더욱 그럴 테지만.

어쨌든 해마다 여섯 병의 위스키를 사는 데 기꺼이 돈을 쓸 마음이 있다면 그 여섯 병을 그해 초반 두 달 사이에 구입하든 두 달에 한 병씩 구입하든 중요하지 않다. 연말쯤 결산해보면 들어간 비용은 똑같을 테니까. 내가 굳이 이 말을 꺼낸 이유는 마시던 것을 다 비우고 나서 새로 사기보다는 위스키 여러 병을 미리 사놓고 1년 내내 즐기는 편이 낫다고 생각하기 때문이다. 여섯 병을 한꺼번에 구입해서 진열장에 여섯 병 혹은 그 이상을 진열해놓으면 나름의 장점도 있다. 위스키들을 제대로 비교 대조해가며 마시게 된다는 점이다. 한 가지 위스키를 마시다가 다음 위스키로 바꿔 마셔보는 식으로 다양하게 즐길 수 있다. 이런 식으로 마시면 자

위스키는 여러 병을 미리 사놓고 1년 내내 즐기는 편이 낫다.

신의 취향을 파악하는 데도 큰 도움이 된다.

아무리 꼼꼼히 알아보고 구입했다고 해도 잘 마시지 않게 되는 위스키가 생기기 마련이다. 이런 위스키는 디너파티 때 마시거나 친구 집에 갈 때 맥주 대신 가져가면 된다(와인은 누군가의 집에 초대받아 가면서 개봉한 채로 들고 가면 그야말로 무례한 일이 될 테지만 내 경험상 괜찮은 위스키는 반쯤 남은 상태로 가져가도 무례한 것이 아니다. 단, 병은 그 집에 두고 오길). 어떤 위스키를 6개월 이상 손도 안 댄 채 놔두었고, 그렇다고 특별한 날을 위해 아껴둔 것도 아니라면 그 위스키는 치워버리고 다른 위스키를 가져다놓길 권한다.

당신이 버번 애주가라면 위스키 진열장에 버번이 더 많이 채워져 있을 것이다. 그렇다면 무난하게 즐겨 마실 수 있는 버번을 가장 먼저 맛본 후 그다음으로 이 책의 버번 코너를 읽으면서 해당 위스키군에서 가치가 더 높은 위스키를 골라보길 권한다. 예를 들어 지금 버펄로 트레이스를 즐겨 마시는 중이라면 이글 레어 스트레이트 버번도 좋아하게 될 가능성이 높다. 이 환상적인 이글 레어를 맛보게 되면 기막힌 맛과 독보적인 품질을 느끼게 될 것이다. 그다음엔 무난하게 마시는 위스키와 정반대 성격을 띠는 미국산 위스키를 골라라. 버번을 즐긴다면 위스키 진열장에 호밀 위스키를 채워둘 만하다. 이 경우라면 리텐하우스 호밀 위스키가 추천할 만한 상품이다. 아니면 블레 호밀 위스키도 괜찮다. 이런 위스키들을 맛본 다음 호밀 풍미가 너무 묵직하게 느껴진다면 블레 버번처럼 호밀 풍미가 진한 버번을 권한다. 주머니 사정이 허락된다면 스스로에게 한턱 크게 쏘는 셈이 되는 버번도 괜찮다. 규모가 큰 버번 증류소들은 모두 100달러가 넘는 가격대의 상품을 출시하고 있지만 이 상품들 대다수는 그만한 돈이 아깝지 않을 정도로 가치가 충분하다. 이 책에서도 우드포드 리저브 포 우드 등 몇 가지를 추천하려 한다. 한턱 크게 쏘는 셈치고 구입한 위스키는 특별한 날 제값을 한다.

앞에서 예로 든 시나리오상의 취향이라면 저렴하고 숙성이 잘 되어 있으며, 더 가볍지만 풍미 프로필이 비슷한 캐나다산 위스키 몇 가지도 기분 좋게 음미하게 될 가능성이 높다. 캐나디언 클럽 20년산이 아주 잘 맞을 테고, 아니면 앨버타 프리미엄 25년산 같은 더 희귀한 상품과도 잘 맞을 것이다. 이런 위스키들을 구비해놓으면 비슷한 풍미에서 벗어나지 않으면서도 수집품의 범위를 넓힐 수 있게 된다. 마지막으로 대서양 맞은편에서 생산된 위스키도 갖춰둘 만하다. 레드브레스트 12년산을 맛본다면 앞서 언급한 강한 위스키들과는 또 다른 기분 좋은 변화를 경험하게 될 것이다. 발베니의 캐러비언 캐스크도 상당히 마음에 들 것이다. 물론 스코틀랜드에는 증류소가 수백 곳에 이르는 만큼 좀 더 알아두어야 할 것들이 있다. 이 책은 바로 그런 방면에 도움을 주기 위해 쓰였다. 계속 읽어보면서 당신의 취향에 맞는 위스키를 찾기 바란다.

하루 일과를 마치면 새롭게 시음해볼 위스키 대여섯 병이 기다리고 있다고 생각해보아라. 맛을 봤더니 그 위스키가 당신 취향에는 영 아니라면 친구 집에 갈 때 맥주나 와인 대신 가져가거나 다음번 디너파티 때 식탁에 내놓거나 한잔 하자고 친구를 초대하면 된다. 그런 식으로 해치울 방법은 얼마든지 있으니 걱정할 필요가 없다. 한 병을 다 마시면 다른 위스키로 바꿔 시음해보라. 계속해서 새로운 위스키를 맛보면서 미각을 발달시켜라.

싱글 몰트 스카치위스키 애주가들의 경우에는 상황이 좀 더 복잡하다. 스코틀랜드에만 증류소가 말 그대로 100군데가 넘기 때문이다. 게다가 스타일이 서로 비슷한 일본 위스키도 있고 아일랜드 위스키도 있다. 그런데다 하나 마나한 말일 테지만 싱글 몰트 스카치위스키 애주가의 위스키 진열장에 놓을 만한 위스키로는 호밀 위스키와 미국산 버번도 빼놓을 수 없다.

당신이 나처럼 피티드 위스키를 좋아한다면 돌아가며 맛볼 만한 피티드 위스키계의 슈퍼스타급들인 라프로익, 라가불린, 아드벡을 추천한다. 이 세 가지 중 한 번에 한두 가지씩만 구매하면 된다. 이 브랜드 가운데 하나에 각별히 마음이 간다면 그곳의 특상품도 구매해보길 권한다. 라프로익 18년산은 굉장히 매력적인 상품이다. 라가불린의 빈티지 상품과 12년산 캐스크 스트렝스는 한턱 크게 쏘는 셈치고 저질러볼 만하다. 아드벡은 피트 풍미를 더욱 살린 특상품이나 셰리가 담겼던 통에서 숙성시킨 특별판도 출시하고 있다. 이들 특별 출시 상품 중 하나를 구입해보는 것도 좋다. 한턱 크게 쏘는 셈치고 저질러서 즐겨볼 만하다. (주머니 사정에 맞춰) 하이랜드 파크 12년산과 18년산으로 환상적인 중도 스타일의 피티드 위스키의 풍미를 느껴보는 것도 좋다. 하이랜드 파크 12년산은 무난하게 마실 만한 위스키로, 18년산은 한턱 크게 쏘는 셈치고 저질러볼 만한 위스키로 적당하다. 이들 상

계속해서 새로운 위스키를 맛보면서 미각을 발달시켜라.

품은 보모어와 더불어 피트 풍미가 은근히 담긴 위스키들이라 친구들을 자신도 모르게 피트파로 개종시켜볼 수 있는 재밋거리도 있다. 보다 저렴한 상품을 원한다면 더 피트 몬스터를 비롯해 저렴한 가격으로 출시되는 그 외의 피트 풍미 묵직한 위스키들도 괜찮다. 한편으로는 브룩라디의 옥토모어도 권하고 싶다. 가격은 비싼 편이지만 돈이 전혀 아깝지 않은 위스키다.

저렴한 위스키를 찾는다면 남아프리카공화국의 스리 십스 5년산 프리미엄 셀렉트를 추천한다. 그랜츠 패밀리 리저브 블렌디드 위스키, 더 페이머스 그라우스, 더 블랙 그라우스도 괜찮다. 이 위스키들 모두 사람들이 보통 마시는 싱글 몰트 스카치위스키 가격의 절반 정도밖에 되지 않는다.

아일랜드 위스키는 모든 위스키 진열장의 필수 소장품이다. 제임슨 18년산 리미티드 리저브는 시중에 출시된 그 어떤 18년산 스카치위스키보다도 부드러운 풍미를 선사할 것이다. 부시밀즈 10년산 싱글 몰트는 저렴한 가격임에도 가성비가 굉장히 뛰어나다. 레드브레스트 12년산은 예나 지금이나 여전히 내가 손가락으로 꼽을 만큼 즐기는 아일랜드 위스키다. 단식증류기로 증류되어 보리 풍미가 진한 위스키 가운데 한턱 크게 쏘는 셈치고 저질러볼 만한 위스키를 찾고 있다면 로케스 8년산을 추천한다.

캐나다 위스키의 경우엔 장인정신으로 정성껏 빚어낸 위스키들을 마셔보길 권한다. 마스터슨스, 로트 넘버 40, 글렌 브레톤 레어, 깁슨스 파이니스트 레어 18년산, 앨버타 프리미엄은 당신이 사는 지역에서도 구입이 가능할지 모른다. 캐나다 위스키는 캐나다 이외의 지역에서는 구하기가 상당히 어렵지만 구해서 맛보게 된다면 미각에 그야말로 후하게 대접하는 순간이 될 것이다.

미국 위스키는 싱글 몰트 스카치위스키 애주가에게는 고르기가 상당히 까다로운 편일 테지만 내 경험에 비춰볼 때 블레를 선택하면 꽤 만족스러울 것이다. 이글 레어나 메이커스 46도 괜찮은 선택이다. 가끔씩 저녁에 미국산 버번이나 호밀 위스키가 당길 때가 있다. 그럴 때를 대비해 이 중 적어도 한 가지는 집에 갖춰둘 만하다.

마지막으로 일본 위스키도 빠트려선 안 된다. 스코틀랜드 위스키와 똑같은 스타일로 생산되어 풍미 프로필에 있어서는 아주 잘 맞을 것이다. 일본산의 경우 대부

아일랜드 위스키는 모든 위스키 진열장의 필수 소장품이다.

분 블렌디드 위스키지만 이런 블렌디드 위스키들은 대체로 한 업체에서 소유하고 있는 두 증류소의 원액을 블렌딩해서 만든다. 일본 위스키의 구입 가능성은 지역에 따라 다르므로 현지에서 구입할 수 있는 상품으로는 뭐가 있는지 미리 알아보는 게 현명하다.

논피티드 위스키를 선호하는 사람이라면 선택의 폭이 아주 넓다. 컴퍼스 박스, 브룩라디, 애런, 글렌퍼클래스, 글렌로티스를 추천할 만하며 이 외에도 하나하나 열거하자면 끝이 없다.

어디까지나 내 개인적인 입맛에 따르자면 특히 브룩라디는 위스키 진열장에 웬만하면 갖춰봐야 할 만한 소장품이다. 컴퍼스 박스와 애런은 소규모 생산에 주력하면서(컴퍼스 박스가 뛰어난 블렌딩업체라면 애런은 자체적으로 싱글 몰트 스카치위스키를 생산하는 곳이다) 새롭고 흥미로운 상품들을 출시하며 경쟁력을 이어가고 있다. 맥캘란에서 출시하는 다양한 싱글 몰트위스키의 열혈팬이라면 한턱 크게 쏘는 셈치고 더 맥캘란 시에나를 구입해보자. 글렌퍼클래스, 글렌드로낙, 더 발베니 더블우드 12년산이나 17년산도 맛봐야 한다. 하지만 아무리 논피티드 스카치위스키 애호가라 해도 비교적 피트 풍미가 미묘한 편에 드는 보모어나 하이랜드 파크를 통해 살짝이나마 피트 풍미를 느껴봐야 한다.

그럴 기회가 생기면 지금껏 마셔보지 않은 색다른 위스키를 구입해보자. 가까운 위스키 매장이 어디에 있는지 알아보고 그곳에 가서 추천을 받아라. 친구들과 정보를 나누고 시음 모임도 마련하자. 당신이 좋아하는 위스키와 싫어하는 위스키 모두에 대해 스스로의 견해를 가져보기도 하고, 어떤 위스키에 대해 당신은 별로라고 생각하는데 다른 이들은 높은 점수를 주는 이유를 이해하려는 시도도 해봐야 한다. 그러면 위스키 애호가로서 안목이 더 넓어질 것이다. 안목이 넓어질수록 흥미를 자극할 만한 새 상품을 알아볼 가능성도 높아진다.

INTRODUCTION

증류소에
대하여

여기에서 다루는 위스키들의 가격은 대부분 100달러 이하이며 구하기도 쉬워 일상적인 위스키 구매에 이상적인 쇼핑 가이드가 되어줄 거라 자신한다.

스코틀랜드의 대다수 증류소들은 개별적으로 브랜드를 운영하지만 미국과 캐나다 위스키들은 대체로 여러 증류소들 간에 중앙집중식으로 생산되는 체제다. 이러한 이유로 나는 증류소들 자체와 그 증류소들이 내건 브랜드 상품에 초점을 맞춰 설명하려 한다. 그렇다고 이 기준이 모든 경우에 해당되는 것은 아니다. 때때로 기업이 증류소를 빌려 자사의 상품을 생산하는 경우도 있지만 이런 예외적인 경우에 대해서도 최선을 다해 설명하려 했다. 증류소의 설립년도도 함께 실었다. 일부의 경우 증류소가 실제로 위스키 생산을 시작한 시점에 대해 논란이 있기도 하다. 이런 경우 설립년도는 추정치임을 미리 밝혀둔다.

지역별 차이와 위스키의 테루아

테루아는 간단하게 '지역성'으로 정의되곤 한다. 와인을 설명할 때 사용되는 이 용어는 더 폭넓게 정의하자면 지리, 지질, 기후까지 아울러 와인의 풍미에 영향을 미치는 환경적 요소와 관련이 깊다. 그런데 테루아를 이야기할 때 잘 다루지 않는 부분이 있다. 바로 역사적 영향이다. 위스키 생산에 관한 한 부득이하게 실행된 역사적 생산관행에 따라 각 지역의 위스키가 특징지어진다. 즉 전통적인 와인 생산지들은 온화한 기후와 경사진 언덕의 혜택을 누리고 있는 반면, 위스키 생산지 대다수는 혹독한 겨울 날씨 속에서 인근의 저렴한 곡물과 농작물을 사용하고 이후 재사용까지 해야 하는 필요성에 따라 역사적 관행들이 생겨났다.

와인과 테루아는 자주 화젯거리가 되지만 와인만이 지역성과 결부되는 농산물은 아니다. 커피, 홉, 차, 토마토 심지어 치즈 가공 농산물조차 테루아와 연결지어 설명할 수 있다. 위스키 생산의 경우에도 많은 증류소들이 와이너리(와인 양조장)가 포도의 품종을 정하는 것과 같은 방식으로 보리의 품종을 다룬다. 이것은 이론상으론 기가 막힌 생각이지만 품종 간의 미묘한 차이는 증류 과정을 거치면서 흐려져 결국 잔에 따라지게 될 때는 거의 감지되지 않는다. 그런 까닭에 위스키 생산자들은 숙성에 사용되는 나무통이나 증류의 원료로 쓰이는 곡물에 주안점을 둔다. 대체로 이 두 가지가 위스키별 맛의 차이를 발생시키는 요소이기도 하다. 그런데 이 대목에서 브룩라디 이야기를 하지 않을 수 없다. 이 증류소는 현지산 보리, 현지산 피트, 현지산 물, 현지 병입에 주력하면서 "우리는 테루아가 중요하다고 믿는다"는 점을 스스로 분명히 밝히고 있기 때문이다.

생산 과정에 사용되는 물이 중요하다는 점은 증거로도 뒷받침되는 사실이다. 실제로 상당수 스코틀랜드 증류소들이 물이 자신들의 상품에 영향을 미친다고 이야기한다. 일본 산토리의 마스터 디스틸러 마이크 미야모토는 초반에만 해도 스코틀랜드산 위스키 스타일의 맛을 끌어내는 데 애를 먹었다. 일본은 스카치위스키 산업을 중심모델로 삼고 있어서 최종 목표 역시 스카치위스키와 비슷한 풍미 프로필을 띠는 위스키를 생산하는 것이다. 미야모토는 똑같은 품종의 곡물을 원료로 쓰고 제조와 숙성방식까지 자신이 스코틀랜드에서 했던 방식 그대로 해봤지만 모든 생산 과정이 끝나고 확인해볼 때면 여전히 무언가가 부족했다. 미야모토가 숱한 시험 끝에 결국 깨닫게 된 원인은 바로 물이었다. 스코틀랜드에서 수입해온 물을 원료로 쓰자 드디어 비슷한 맛이 났던 것이다. 이를 계기로 산토리에서는 생산 과정을 모두 마친 후 가능한 최상의 상품이 생산되도록 확실성을 기하기 위해 수원지를 신중히 고르고 있다.

어쩌면 물보다 더 뚜렷한 영향을 미치는 요소는 기후일지 모른다. 앞에서도 설명했지만 기온과 기후 상태는 숙성통 내의 화학적 상호작용에 변화를 일으킨다. 스코틀랜드는 기후 변화가 완만해서 생산 결과가 비교적 예측 가능한 편인 데 반해 켄터키주와 테네시주는 덥고 추운 기후가 극단적이다. 인도는 기후가 뜨거워서 이곳에서 생산되는 위스키는 숙성속도가 빠른 편이다. 물과 알코올은 증발속도가 다르다. 시간이 지남에 따라 알코올함량이 떨어지는 이유도 여기에 있다. 즉 물이 알코올보다 천천히 증발하기 때문이다. 물의 증발은 기후에 영향을 받는다. 습한 기후보다 건조한 기후에서 훨씬 빠른 속도로 증발한다. 증발속도의 이런 차이는 지역별로 다른 난관을 유발시킨다. 테루아가 기후에 어떤 식으로 영향을 받는지를 확실히 보여주기도 한다.

위스키 생산에서는 대체로 환경적 요소 못지않게 원료들도 풍미에 영향을 미친다. 따라서 엄밀한 농경적 의미에서는 테루아의 존재를 인정하기 곤란할 수도 있다. 물론 원료, 즉 농경적 선택은 테루아에 속하지 않는다. 하지만 생산적 선택의 경우엔 수백 년 전 필요에 따라 내려졌고, 현재도 여전히 전통에 따라 내려지고 있으며, 나로선 그것을 테루아로 여겨도 무방하다고 본다. 그런 생산적 선택이 일종의 지역성이라 보기 때문이다.

예를 들어 스코틀랜드는 각 지역별로 연상되는 풍미 프로필이 있다. 현대의 원료들은 여러 가지 방식으로 풍미에 영향을 미칠 수 있을 만큼 다양하지만 생산적 선택은 특정 지역 고유의 위스키 제조 유산을 존중해서 내려지고 있다. 그 명확한 사례 중 하나가 바로 아일레이섬에서 생산되는 위스키들이다.

스코틀랜드는 각 지역별로 연상되는 풍미 프로필이 있다.

아일레이는 바람이 휘몰아치는 혹독한 기후로 인해 나무가 제대로 자라지 못하는 환경에 놓여 있다. 그래서 섬사람들은 예로부터 나무 대신 피트를 연료로 사용해 음식을 해먹었다. 위스키 제조의 경우엔 보리를 건조시켜야 했고, 그래서 이 건조작업에 저렴한 지역 연료원인 피트를 활용했다. 그리고 피트의 사용이 뜻하지 않은 결과로 보리에 연기를 입혀줌으로써 최종 위스키에 독특한 훈연 향과 맛을 부여하게 되었다.

오늘날 아일레이의 많은 위스키 생산자들이 포트 엘런 몰팅스에서 피트 처리된 보리를 조달해 쓴다. 하지만 이것은 위스키 생산에 있어 필수적인 단계는 아니며, 특정 스타일의 위스키를 생산하기 위해 증류소들이 선택적으로 결정하는 단계다. 와이너리 농장들이 포도를 직접 재배해 사용하는 것과 달리 대다수 증류소들은 현지는 물론 외지에서도 다양한 원료를 구해다 쓰며, 심지어 외지의 저장통을 이용해 숙성 과정을 거치면서 중앙집중화되었다. 이렇다 보니 스코틀랜드의 이 지역은 곡물이나 통 숙성의 측면에서는 인접한 위치에 따른 테루아가 딱히 발견되지 않지만 전통적 의미에서는 테루아가 발견된다. 피티드 위스키라는 지역 특유의 풍부한 역사를 통해서 말이다.

뒷부분에서 세계적인 위스키 생산지를 지역별로 설명하면서 위스키와 관련된 법적 조건에 대해서도 따로 언급할 생각인데, 이런 법적 조건은 여러 면에서 볼 때 지역별 위스키의 풍미 프로필에 가장 크게 영향을 미치는 요소다. 예를 들어 버번이 새 오크통에서 숙성되는 이유도 법 규정 때문이다. 새 오크통 숙성은 원래 경제적 이유에 따라 정해진 규정이었다. 즉 모든 것을 통에 담아 운송하던 방식에서 탈피해가는 세계적 추세 속에서 일자리를 잃어가던 통 제조업자들을 지원하기 위해 취해진 조치였다. 반면 스코틀랜드의 법 규정 때문에 100% 보리로 만들어지는 싱글 몰트 스카치위스키는 (나무 사용이 용이한 미국과 달리) 나무가 고가의 상품이었던 탓에 전통적으로 재사용 나무통에 숙성되었다.

이와 같은 법 규정은 해당 지역의 역사적 필요성에 따라 마련되었다. 그 결과 부르고뉴의 기후에서 숙성되는 피노 누아 포도가 피노 누아의 기준으로 자리 잡게 되었던 것처럼 여러 지역의 위스키 제조 문화에도 일정 기준들이 생겨나게 되었다. 테루아를 이런 역사적 관점에서 바라보면 위스키 제조에서도 엄연히 테루아가 존재한다. 와인보다 지역범위가 훨씬 넓어서 대체로 국경선에 따라 구분되는 편이지만 지역성이 존재하기는 한다.

예를 들어 미국 위스키에 옥수수가 원료로 쓰이는 이유는 미국에서 재배되는 주요 작물이기 때문이다. 싱글 몰트 스카치위스키가 보리로 제조되는 이유는 스코틀랜드에 보리보다 재배 비용이 저렴한 다른 작물이 있음에도 재사용 통을 사용해야 하는 숙성 여건상 보리를 원료로 쓰는 것이 위스키 제조에 더 적합하기 때문이다. 캐나다 사람들은 위스키에 풍미를 더하기 위해 호밀을 섞기 시작했고, 그 결과 당시의 미국산 위스키와는 차별화되는 독자적인 풍미 프로필을 얻게 되었다. 일본은 스카치위스키를 모델로 삼아 그대로 위스키를 제조했지만 스코틀랜드와 유사한 수원지의 물을 사용하고 나서야 비슷한 풍미를 만들어낼 수 있었다.

와인 애주가들은 위스키 같은 제조품에 테루아가 있다고 말하면 코웃음을 치기 일쑤다. 와인의 경우엔 테루아 관련 논의에서 역사적 영향이 거의 다뤄지지 않지만 그 부분도 마땅히 따져봐야 한다. 그리고 그렇게 따져보면 와인에 있어 역사는 그다지 차별적 요소가 못 된다. 하지만 위스키의 경우 우리가 현재 즐기는 그 위스키에는 역사가 크나큰 영향을 미쳐왔다.

버번, 싱글 몰트 스카치위스키, 아일랜드 위스키, 일본 위스키를 맛보면 알겠지만 경계의 범위가 더 넓긴 해도 장소성이 갖춰져 있다. 특정 위스키 생산지역에 관심이 있든 없든 간에 그 지역의 독특한 특징을 더 깊이 이해하고 나면 그 지역들의 장소성도 음미할 수 있게 된다.

법 규정은 해당 지역의 역사적 필요성에 따라 마련되었다.

CHAPTER 4

미국의 위스키

나쁜 뜻으로 하는 말은 아니지만 미국 위스키는 정말 강하다. 미묘한 풍미의 버번도 있지만 뛰어난 미국 위스키 중 상당수는 풍미가 진하고 대체로 알코올 강도도 세다. 미국의 모든 위스키는 (대체로 재사용 오크통에서 숙성되는 스카치위스키와 달리) 새 오크통에서 숙성되고 증류 원료로 사용 가능한 곡물이 옥수수, 호밀, 보리, 밀로 제한된다. 버번은 이런 미국 위스키 가운데 단연코 가장 사랑받는 위스키다.

버번 병에 표기된 숙성년수는 어떤 경우든 블렌딩된 위스키 원액 가운데 통 숙성 나이가 가장 어린 원액의 숙성년수를 가리킨다. 따라서 대체로 8년산에는 8년 이상 숙성된 위스키 원액이 담겨 있기 마련이다.

대형 배급업체들은 켄터키주에 몰려 있지만 버번은 미국 전역에서 생산되고 있다. 세계적 베스트셀러인 미국 위스키는 잭 다니엘스이며 엄밀히 말해 버번이지만 (버번의 모든 조건을 충족시키고 있지만) '테네시 위스키'라는 명칭을 달고 병입된다. 최근까지 테네시 위스키에는 어떤 법적 규정도 없었지만 2012년 테네시주에서 법 규정을 마련했다. 그에 따라 현재 '테네시 위스키'의 법 규정은 (51% 옥수수 사용, 새 오크통 숙성 등으로) 버번과 흡사하게 정해져 있을 뿐만 아니라 전적으로 테네시주에서 생산되고 단풍나무로 만든 숯을 사용해 여과 과정을 거쳐야 하는 조건까지 따라붙는다. 바로 이 조건이 테네시 위스키와 버번의 주된 차이점인 셈이다.

스코틀랜드에서는 법에 따라 병에 증류소 명칭이 표기되어야 하지만 미국의 위스키 생산업체들은 그런 규정에 구속받지 않는다. 이 점이 주된 원인으로 작용해 스코틀랜드 증류소들이 단 하나의 싱글 몰트위스키 브랜드에 주력하는 반면 미국의 증류소들은 한 증류소에서 언뜻 봐서는 서로 관련 없어 보이는 여러 가지 브랜드로 상품을 생산하는 경우가 많다.

켄터키주와 테네시주가 미국 최대의 위스키 생산지로 꼽히긴 하지만 미국 전역에 걸쳐 수백 곳에 이르는 증류소가 분포해 있으며, 미국 곳곳을 둘러보는 여행의 즐거움 가운데 하나도 소규모 크래프트 증류소의 진가를 알게 되는 묘미다. 미국의 위스키 바들은 (스코틀랜드와 마찬가지로) 새로운 술을 접하기에 환상적인 장소다. 그곳의 위스키들은 배급지역이 한정되어 있다 보니 구하기가 어려워 아쉽게도 이 책에서는 소개할 수 없었다. 다만 여행을 떠나게 되면 평상시 마시던 위스키 외에 그 지역의 위스키를 경험해보길 바란다.

버번은 미국 전역에서 생산되고 있다.

매시빌 논쟁

앞에서도 이야기했다시피 위스키는 곡물을 발효시켜 맥주 엇비슷한 상태를 만드는 것이 첫 단계이며, 매시빌은 이런 상태의 맥주 양조에 쓰이는 원료들을 통칭한다. 예를 들어 버번의 경우는 규정상 옥수수가 최소 51%는 사용되어야 하는 위스키이므로 매시빌 자체에도 옥수수가 최소 51% 이상 섞여야 한다. 말하자면 발효 전에 첨가되는 모든 곡물이 매시빌이다.

버펄로 트레이스, 헤븐 힐, 짐 빔 같은 대규모 생산자들은 사용하는 매시빌의 종류가 몇 가지로 한정되어 있다. 이런 곳들은 대다수의 위스키를 동일한 매시빌 제조법으로 만드는 경우가 많다. 한 가지 매시빌은 옥수수 풍미가 강하고, 또 다른 매시빌은 보다 알싸한 위스키를 주조하기 위해 호밀이 20~30%로 유지되는 식이다. 최근 호밀 위스키가 상승세를 타자 이런 증류소들 다수가 호밀의 비율이 거의 대부분을 차지할 정도로 늘려 호밀 풍미가 강한 매시빌을 사용하고 있기도 하다.

이런 관행과 관련해서는 몇 가지 이견이 있다. 회의론자들은 대다수 미국산 위스키가 똑같은 매시빌 주조법으로 생산되는 탓에 미국 버번에 다양성이 부족하고 위스키별 차이점도 브랜드 이미지와 마케팅에 초점이 맞춰져 있다고 불만스러워한다. 부커스, 놉 크릭, 베이커스는 똑같거나 비슷한 매시를 사용하며 풍미도 흡사하다. 따라서 차이점은 대체로 풍미에 영향을 미치기 위해 숙성과 알코올함량을 다루는 방식에서 나타난다. 가령 부커스는 캐스크 스트렝스 상품에 주력하며 알코올함량 64% 이상으로 병입한다. 베이커스는 알코올함량을 53.5%까지 희석시킨다. 숙성기간은 부커스와 베이커스 모두 대략 7년으로 같다.

그렇다면 베이커스의 위스키는 부커스의 위스키를 희석시킨 것이라고 생각할 수도 있지 않을까? 바로 이 대목에서 통의 선별이 중요한 요소로 등장하게 된다. 두 업체의 버번은 두 업체의 모기업(짐 빔)이 소유한 여러 저장고에서 서로 다른 통의 원액을 선별해서 블렌딩하며, 그에 따라 두 업체의 위스키를 같은 알코올함량으로 맞춰 비교해보면 비록 미묘하더라도 감지될 만한 차이점이 나타난다.

이는 싱글 몰트 스카치위스키와 다르지 않다. 미국의 대형 위스키 증류소들이 단 몇 가지의 매시빌만 사용한다면 스코틀랜드의 증류소들은 위스키 제조에 단 하

증류소들은 풍미의 변화를 끌어내기 위한 방법의 하나로, 숙성 정도와 알코올함량을 다양하게 조절한다.

나의 원료, 즉 보리만을 쓴다. 또한 스코틀랜드에서도 풍미의 다양성을 끌어내는 과정이 통의 선별과 결부된다. 다만 스코틀랜드 위스키는 대개 재사용 통에서 숙성되기 때문에 통 선별 과정이 보다 창의적인 편이다.

버번 제조에서 곧잘 간과되는 또 하나의 과정이 효모 선별이다. 효모는 매시를 찐 후 발효 과정에 들어갈 때 사용된다. 짐 빔 등 몇몇 기업들은 자사가 사용하는 효모를 기업비밀로 보호 관리하면서 금주법 시대 이후로 똑같은 효모를 사용하고 있다. 반면 포어 로제스는 두 가지 매시빌에 다섯 종의 효모를 사용해 열 가지의 개별적 주조법을 개발하고 여러 조합을 통해 위스키를 생산하고 있다.

매시빌과 관련된 논쟁은 앞으로도 계속 이어질 것이다. 버번이 다양성 고갈을 겪는 이유는 배급을 거의 독식하는 대형 브랜드들 때문일 수도 있다. 확실히 켄터키주와 테네시주 대형 증류소들에서 생산되는 위스키에 비해 스코틀랜드나 일본산 위스키의 풍미가 훨씬 다양하다. 미국은 저돌적 풍미의 새 오크통 숙성 위스키를 꾸준히 생산하는 유일한 나라이며, 호밀 위스키로의 관심 복귀는 상품군의 다양성을 추구하는 측면에서 반가운 변화다. 미국 위스키 브랜드들 간에 합병 바람이 계속되고 있지만 다양성의 요구 역시 수그러들지 않고 이어질 것이다.

짐 빔 등 몇몇 기업들은 자사가 사용하는 효모를 기업비밀로 보호 관리하고 있다.

버펄로 트레이스 디스틸러리

- 설립년도: 1858년
- 브랜드: 에인션트 에이지^{Ancient Age}, 블랜튼^{Blanton's}, 버펄로 트레이스^{Buffalo Trace}, 이글 레어^{Eagle Rare}, 조지 T. 스택^{George T.Stagg}, 새즈락^{Sazerac}, 반 윙클^{Van Winkle}, W. L. 웰러^{W.L.Weller} 등

켄터키주 프랭크퍼트에 자리 잡고 있으며, 기록상 켄터키주에서 가장 오래된 증류소에 속한다. 명칭은 버펄로들의 이동경로였던 것으로 추정되는 곳의 지리적 내력에서 따왔다. 1992년 뉴올리언스에 본사를 둔 기업인 새즈락에 인수되었다.

버펄로 트레이스 디스틸러리는 전 위스키 부문을 통틀어 내가 가장 선호하는 증류소다. 희귀하기로 소문난 퍼피 반 윙클을 이 증류소의 최상품으로 생각하기 쉽지만 버펄로 트레이스 앤틱 컬렉션이 더 뛰어나다. 매년 버펄로 트레이스 앤틱 컬렉션의 한 상품으로 출시되는 조지 T. 스택은 지금껏 내가 맛본 최고의 버번이다. 매스컴의 이목은 퍼피 반 윙클에 집중되고 있지만 조지 T. 스택도 그에 못지않은

희귀품이며 강력한 풍미의 펀치를 날려준다. 버펄로 트레이스 디스틸러리는 블랜튼, 이글 레어, 새즈락, 에인션트 에이지 등의 하위 브랜드와 더불어 인상적인 브랜드들을 다수 소유하면서 옥수수, 밀, 호밀의 다양한 매시를 활용해 여러 상품을 생산해내고 있다.

블랜튼

1980년대 이후 블랜튼은 누구보다 앞장서 싱글 배럴 병입을 촉구한 버번 브랜드였다. 블랜튼의 버번은 싱글 배럴 상품인 만큼 다른 통의 원액과 섞이지 않고 통별로 따로따로 병입된다. 말하자면 통에 똑같은 매시가 담기고 비슷한 기간 동안 숙성되긴 하지만 풍미의 동일성을 확실하게 잡아주는 블렌딩 과정이 없기 때문에 어느 정도 다양성을 드러낸다는 이야기다.

몇 년 전에 나는 흥에 들떠 라스베이거스 전역을 돌며 위스키를 탐방하던 중 블랜튼 싱글 배럴 버번을 처음 접하게 되었다. 그날 나는 병을 싹 비웠는데 거짓말

하나 안 보태고 정말로 바다에 가라앉은 해적선에서 건져 올린 것이라 해도 믿을 만한 위스키를 맛본 기분이었다. 병의 장식이 너무 거창하다고 느끼는 사람도 있을 테지만 라스베이거스에서의 그날 저녁, 나에게는 깊은 감응을 주었다. 얼핏 봐서는 꽤나 오래된 듯 고풍스러운 인상을 풍기지만 버펄로 트레이스 디스틸러리가 1980년대 초 첫선을 보인 비교적 젊은 브랜드다.

가벼운 스타일의 버번으로 호밀의 알싸한 풍미가 두드러지는 편이며, 보다 무게감이 느껴지는 블렌디드 같은 위스키에 비해 전반적인 마우스필이 부드럽다.

이글 레어

원래 씨그램이 1970년대 중반에 만든 브랜드지만 이후로 몇 차례 소유권이 바뀌었다. 그러다 나중엔 새즈락 사가 브랜드를 인수하면서부터 버펄로 트레이스 디스틸러리에서 이글 레어를 배급하게 되었다.

이글 레어는 싱글 배럴 10년산 버번이나 17년산 버번으로 구입 가능하다. 싱글 배럴 상품이기 때문에 여러 통의 버번 원액이 블렌딩되는 과정 없이 각각 따로 병입된다. 특히 이글 레어 10년산은 버펄로 트레이스 버번의 팬이라면 한턱 크게 쏘

는 셈치고 저질러볼 만한 상품이다. 비교적 오랜 기간 숙성되어 알코올이 안정적으로 자리 잡혀 있다. 노즈가 기가 막히게 미묘해서 향신료, 체리 절임, 은은한 가죽광택제 등의 향이 감돈다. 호밀 함량이 높아 호밀 풍미가 강한 이 알싸한 버번은 다크초콜릿의 쌉쌀함이 오크통에서 우러나온 바닐라 특유의 달콤함과 밸런스를 잘 이루고 있다. 여운은 길고 감미로우며 첫 느낌과의 밸런스도 아주 좋다. 기회가 된다면 이글 레어 17년산도 맛보길 권한다. 10년산과 똑같은 풍미 프로필을 띠면서도 그야말로 놀라울 정도의 복잡미묘함까지 선사해주어 싱글 몰트 스카치위스키 애주가라도 기대감에 군침이 돌 만한 버번이다.

고급 버번답게 첫맛부터 여운까지 흥미로운 풍미 프로필을 연이어 선사한다.

반 윙클

한마디로 오묘하다.

퍼피 반 윙클은 구하기 힘든 상품으로 명성을 떨치고 있으며, 버펄로 트레이스에서 1년에 한 번 증류·병입되어 생산량이 극도로 한정되어 있다. 이 업체의 소유주인 올드 립 반 윙클은 버펄로 트레이스와 증류계약을 체결해 생산하고 있으며, 해마다 이 버번을 구하려는 광풍이 불어 연줄이 없으면 구하기 힘들 것이다. 안 그래도 비싼데 사서 되파는 사람들이 세 배에서 다섯 배까지 가격을 높여 팔기도 한다. 되파는 사람들이 사재기를 해놓고 서서히 상품을 풀기 때문에 백만장자들도 구입하기 힘든 위스키라는 글도 어디에선가 읽은 기억이 있다.

나는 딱 한 번 15년산, 20년산, 23년산으로 겨우 몇 모금 홀짝여본 적이 있다. 정말 운이 좋았다. 어쩌다 바 주인이 시음을 위해 병을 개봉하기로 마음먹었던 순간, 그럴듯한 바에, 적절한 타이밍에 들렀다가 누린 행운이었으니 말이다.

퍼피 반 윙클은 어떤 위스키 진열장에 놓이든 반짝반짝 빛을 발할 것이다. 구하기 힘들고 맛도 기가 막히며 매스컴에 자주 오르내리는 스타급 위스키니 말이다. 그런데 한 병에 300달러 하는 위스키를 사재기꾼에게 1,000달러라도 주고 살 만한 가치가 있을까? 나는 없다고 본다. 그렇다면 원래 정가보다 저렴하면서도 더 뛰어난 버번은 없을까? 당연히 있다. 수집품의 백미로서 퍼피 반 윙클을 소장하는 것에 비할 만한 가치를 가진 위스키가 또 있을까? 절대로 없다.

포어 로제스 디스틸러리

- 설립년도: 1910년
- 브랜드: 블레[Bulleit], 포어 로제스[Four Roses]

포어 로제스는 한때 미국에서 가장 잘 팔리는 버번이었다. 특히 1930년대, 1940년대, 1950년대에 최고의 인기를 구가했다. 씨그램이 1943년 이 증류소를 인수하면서 1950년대에는 스트레이트 버번(알코올함량을 일정화하기 위해 첨가되는 물 외에 다른 어떤 첨가물도 들어가지 않은 버번-옮긴이)의 생산을 중지시켰다. 씨그램은 당시 이글 레어도 소유하고 있던 터라 스트레이트 켄터키 버번의 생산을 이곳에 집중시켰다. 그 후 포어 로제스 브랜드는 일본 양조회사 기린의 손으로 넘어가면서 뿌리인 스트레이트 버번 주조 분야로 다시 초점이 옮겨졌다.

포어 로제스는 버번 생산에 사용하는 매시 제조법을 공개하고 있다. 두 가지 매시빌과 다섯 종의 효모를 사용해 총 열 가지의 위스키를 생산 중인데, 공개된 두 가지 매시빌은 옥수수 75%, 호밀 20%, 맥아 5%와 옥수수 60%, 호밀 35%, 맥아 5%다. 포어 로제스는 이 두 가지 배합의 매시빌과 효모를 조합해 맛의 프로필이 비슷하면서도 독자적인 개성을 띠는 여러 상품을 생산하고 있다.

효모에 따라 최종 위스키에 미치는 영향이 어떻게 달라지는지 궁금하다면 포어 로제스에서 최종 위스키에 블렌딩하는 싱글 배럴 버번으로 특별판을 자주 출시하니 맛보길 추천한다. 복합적인 버번의 풍미를 제대로 음미하면서 최종 위스키에 들어가는 여러 통, 효모, 매시빌의 차이를 느껴보는 문제에 관한 한 이 특별판은 (비용을 좀 써야 하겠지만) 탁월한 경험이 될 것이다.

포어 로제스 버번이 이 증류소에서 생산되는 저렴한 상품이라면 포어 로제스 스몰 배치와 포어 로제스 싱글 배럴은 고급품에 속한다. 포어 로제스 스몰 배치는 호밀 풍미가 강하며 그에 따라 옥수수 풍미가 강한 매시에서 느껴지는 묵직함은 부족하다. 캐러멜, 바닐라, 다크프루트(블루베리, 자두, 블랙베리와 같은 짙은 색 과일-옮긴이)의 향기가 특징이다. 미각적으로는 약간의 달콤함과 부드러움이 감돌아 향신료 풍미와 달콤함의 밸런스가 뛰어나게 느껴지다가 스파이시하면서 말린 과일 특유의 여운이 남는다.

포어 로제스는 버번 생산에 사용하는 매시 제조법을 공개하고 있다.

블레

나는 블레 버번의 광팬이다. 풍미 프로필을 차분히 음미해야 하는 미묘한 버번은
블레 외에도 여럿 있지만 블레는 뭐 하나 아쉬운 게 없는 버번이다. 버번 애주가라
고 해서 무조건 블레를 좋아하는 것은 아니며, 주목받기 위해 너무 힘이 들어갔다
고 느끼는 이들도 있지만 나로선 이 브랜드에서 으레 기대할 만한 그런 강한 풍미
가 펼쳐진다는 인상이 느껴져서 좋다. TV 드라마에서 터프한 남성이나 여성이 블
레를 주문해 스트레이트로 마신다면 배역에 그럴 듯하게 어울릴 것이다. 호밀 풍
미가 진한 이 버번은 작렬하는 풍미와 달콤함이 향신료와 알코올의 얼얼함으로 밸
런스가 잡힌 일품 위스키다.

블레 버번은 비교적 신생 브랜드로 역사가 대략 1800년대로 거슬러 올라간다.
1800년대에 오귀스트 블레라는 한 프랑스 이민자가 미국으로 건너와 켄터키주에
정착하면서 위스키를 생산한 것이 시초였다. 블레는 30여 년간 위스키를 만들던
중 켄터키주에서 뉴올리언스로 여행을 떠났다가 실종되었다고 한다. 이 이야기를

들려준 사람은 오귀스트 블레의 고손자이자 현재 블레 버번 디스틸러리의 설립자인 톰 블레였다. 톰 블레는 변호사 활동을 접고 증류소 사업에 뛰어들었으며 블레 버번은 (전 세계 수많은 증류소들이 그렇듯) 더 이상 독자적인 증류소가 아니지만 소비자들은 디아지오 퍼실리티즈와 계열 배급사를 통해 그 풍미를 음미해왔다. 블레는 여전히 포어 로제스에서 증류되고 있지만 디아지오는 2014년 당시 독자적으로 블레 디스틸러리를 열려는 계획을 세운 상태였다.

1800년대의 블레는 사실상 호밀 위스키였지만 현재의 블레 버번은 옥수수 68%, 호밀 28%, 맥아 4%로 제조되고 있다. 블레 버번은 노즈가 강한 편으로 근사한 견과류 향에 더해 바닐라와 곡물의 향이 함께 느껴진다. 호밀 풍미가 진한 버번이긴 하지만 호밀 특유의 알싸한 향은 다른 향들에 거의 묻혀 잘 느껴지지 않는다. 하지만 미각에서는 이런 알싸함이 내가 높게 평가하는 멋들어진 시적 혼동을 느끼게 하면서 전해진다. 캐러멜과 바닐라 풍미가 첫 모금에서 바로 휘몰아치지만 그 알싸함은 이 묵직한 위스키 속에서 묻히지 않고 끝까지 이어진다. 블레 버번은 견과류 특유의 기름진 풍미가 감돌고 드라이한 여운이 깊게 남기도 한다. 말하자면 '버번을 기대했다가 제대로 된 버번을 만나게 되는' 그런 위스키다.

블레는 (내 추론으로는) 원조 주조법에 가까울 가능성이 높은 호밀 95%에 맥아 5%의 호밀 위스키도 출시하고 있다. 블레 버번과 비교해볼 때 병 모양은 비슷하지만 약간 더 어두운 블레 라이 역시 또 다른 매력을 선사한다. 노즈가 싱그럽고 시큼해서 맛볼 때마다 자꾸 피클주스가 연상된다. 블레 버번보다 묵직하며 후각에서 느껴지는 피클주스 향과 더불어 미각에서는 태운 설탕과 진한 캐러멜의 뉘앙스가 전해진다. 알싸함이 깊고 진하게 다가와 음미하는 내내 헤어 나올 수 없게 만든다. 끝맛은 드라이하면서도 캐러멜 특유의 달콤함이 느껴진다. 게다가 알싸함의 여운은 며칠 동안 남을 만큼 인상적이다. 블레 라이는 블레 버번과 달리 MGP 인디애나에서 증류된다.

블레 버번과 블레 라이 모두 위스키 진열장에 진열해놓기에 손색이 없다. 맛을 보면 실망하지 않을 것이다. 블레는 친구들과 밖에 나가서 위스키를 마실 때 무난하게 즐길 수 있는 위스키이기도 하다. 파는 곳도 많고 저렴하며, 스트레이트로 마셔도 충분히 만족스럽기 때문이다.

블레 라이는 끝맛이 드라이하면서도 캐러멜 특유의 달콤함이 느껴진다.

조지 디켈 디스틸러리

• 설립년도: 1877년

독일에서 건너온 이민자 조지 디켈은 1860년대에 소매업을 시작했는데, 주로 술을 판매상품으로 취급했다. 1860년대 말에는 조지 A. 디켈앤컴퍼니라는 상호를 내걸고 주류 구매·유통 도매업을 시작했고, 1877년에는 테네시주 캐스케이드 할로우에 증류소를 세웠다.

조지 디켈 테네시 위스키의 부드러움은 지류인 캐스케이드 브랜치를 수원지로 한 물과 밤새 매시를 식히는 혁신이 큰 몫을 하고 있다. 조지 디켈은 1881년부터 쭉 처남인 빅터 엠마누엘 슈왑과 동업관계를 맺었다. 조지 디켈 사후 슈왑은 익명동업자(출자만 하고 업무에 관여하지 않는 동업자-옮긴이)인 조지 디켈의 미망인 아우구스타와 동업관계를 이어왔지만 증류소를 거의 도맡아 운영했고 아우구스타 사망 후에는 지분을 승계받았다.

테네시주는 미국의 다른 주보다 먼저 금주법의 타격을 입었다. 결국 1910년 무렵 캐스케이드 할로우의 이 증류소는 문을 닫게 되었고, 슈왑은 켄터키주 루이빌

로 사업장을 옮겨갔다. 하지만 운명이 참으로 기구하게도 금주법에 맞선 슈왑의 끈질긴 노력에도 불구하고 켄터키주에서도 1917년 비슷한 법이 제정되면서 증류소는 폐업 위기에 내몰렸다. 그 후 1920년 전면적인 금주법 시행으로 그나마 버텨 왔던 여력마저 무너지고 말았다.

몇 개 안 되는 조지 디켈 위스키 브랜드는 금주법이 막을 내린 이후에 생산되었 지만(금주법은 1933년에 폐지됨 - 옮긴이) 원래의 위치에서 1마일(약 1.6킬로미터) 떨어진 캐스케이드 테네시에 새 증류소가 세워지던 1959년까지 생산은 거의 정지 상태에 있었다. 이 무렵 조지 디켈 브랜드는 스켄리 디스틸러스 사에 인수되었다. 원조 조 지 디켈의 주조법은 기록으로 남지 않았지만 두 곳의 증류소에서 일했던 직원들의 조언에 힘입어 부활을 맞으면서 1964년부터 조지 디켈 테네시 위스키가 다시 한 번 시장에 유통되기 시작했다. 이 증류소는 현재 디아지오의 소유이며 테네시주 내에서 잭 다니엘스의 주된 경쟁상대로 활약 중이다.

현재 출시되는 조지 디켈 상품 중에는 특히 조지 디켈 넘버 12가 뛰어나다. 조 지 디켈 넘버 12는 노즈가 가벼운 편으로 꽃 향과 더불어 꿀과 시트러스 향이 특 징을 이룬다. 마우스필도 아주 좋다. 첫 모금을 머금는 순간부터 (다른 테네시주 위스 키들과 비교해서) 너무 묽다 싶은 느낌이 들지 않고 그렇다고 풍미가 압도적이지도 않다. 얼얼하던 첫 느낌은 감미로운 풍미에 이어 오크통에서 우러난 바닐라 풍미 가 은은하면서도 뚜렷하게 느껴지면서 어느 사이엔가 기분 좋게 가라앉는다. 여운 으로는 얼얼함과 바닐라 특유의 달콤함이 멋진 밸런스를 이루면서 길게 이어진다.

테네시주 위스키는 전통적인 버번 애호가들에게는 너무 가볍게 느껴질 수도 있 지만 조지 디켈 넘버 12는 기분 좋은 풍미와 밸런스가 뛰어난 가벼운 스타일의 위 스키다. 게다가 병 디자인도 멋지다. 라벨에 찍힌 'No. 12'라는 문구가 소비자에게 12년산 위스키로 착각하도록 유도하는 상술이 아니냐고 트집 잡는 사람도 있을지 모르지만 그렇지 않다. '사워 매시Sour Mash(위스키의 일관된 품질을 위해 먼저 제조된 발효 원액의 일부를 다음번 제조 시 투입하는 방식 - 옮긴이)'라는 문구도 눈길을 끈다. 대다수의 미국산 위스키는 사워 매시 방식을 사용하는데, 다음번 매시를 제조할 때 사용하 기 위해 매시 일부를 따로 보관해놓는다. 이 위스키는 병이 멋진 데다 저렴한 가격 대임에도 품질이 뛰어나 홀짝이며 음미하기에 좋다.

원조 조지 디켈의 주조법은 기 록으로 남지 않았지만 직원들 의 활약으로 부활을 맞이한다.

헤븐 힐 디스틸러리

- 설립년도: 1935년
- 브랜드: 엘리자 크레이그^{Elijah Craig}, 에번 윌리엄스^{Evan Williams}, 헨리 맥켄나^{Henry McKenna}, 라서니^{Larceny}, 파커스 헤리티지 컬렉션^{Parker's Heritage Collection}, 리텐하우스^{Rittenhouse}

헤븐 힐 디스틸러리는 켄터키주에서 몇 군데 남지 않은 가족 소유 증류소에 속한다. 금주법 폐지 이후 설립되었고, 현재는 미국에서 일곱 번째로 규모가 큰 주류 생산업체로 부상했다. 샤피라 가문과 빔 가문(빔 디스틸러리의 '짐' 빔과 친척 사이임)의 두 집안이 함께 세운 곳이며 브랜디, 코냑, 테킬라, 럼 등을 비롯해 생산품목이 다양하다. 버번도 여러 브랜드로 출시하고 있지만 엘리자 크레이그, 에번 윌리엄스가 특히 많은 사랑을 받고 있다.

1996년 말에는 대형 화재로 증류소의 생산설비가 불에 타고 저장고 몇 곳이 소실된 바 있다. 헤븐 힐은 그 이후 루이빌에 증류소를 다시 세웠지만 본사는 여전히 켄터키주 바즈타운에 두고 있다.

엘리자 크레이그

엘리자 크레이그는 헤븐 힐에서 출시되는 프리미엄 상품군에 속한다. 브랜드명 자체는 헤븐 힐 디스틸러리와는 직접적인 상관이 없고 오히려 켄터키주의 역사와 관계가 깊다. 다시 말해 버지니아주의 켄터키 카운티(훗날 켄터키주에 편입됨)에 살았던 침례교도의 이름을 따서 지은 것이다. 일각에서는 1789년 증류소를 세웠던 이 침례교도를 불에 그슬린 오크통에 버번을 숙성시킨 최초의 인물로 인정하고 있다. 하지만 여기에 대해서는 대체로 반대쪽 견해가 주를 이룬다.

명칭을 둘러싼 논쟁이 어떠하든 간에 엘리자 크레이그는 12년산 버번으로 호밀 풍미 진한 매시를 원료로 쓰며, 부드럽고 밸런스 잡힌 노즈가 인상적이다. 바닐라 향과 더불어 톡 쏘는 시트러스 향이 느껴지기도 한다. 미각적으로는 시트러스 풍미가 계속 이어지는 가운데 기름진 아몬드 풍미가 어느 순간 버터처럼 구수하면서도 알싸한 끝맛으로 바뀐다.

에번 윌리엄스

내 시음 경험상 추론을 해보자면, 에번 윌리엄스는 엘리자 크레이그 12년산과 비슷한 매시 제조법을 사용하는 듯하다. 그만큼 풍미 프로필이 비슷하다는 이야기지만 숙성기간은 엘리자 크레이그가 통 속에서 지내는 12년보다 훨씬 짧다. 에번 윌리엄스의 브랜드로는 여러 종의 상품이 출시되지만 에번 윌리엄스 싱글 배럴이 엘리자 크레이그의 스몰 배치 상품보다 가격대가 높다.

에번 윌리엄스 싱글 배럴은 (알코올함량 47%인 엘리자 크레이그와 비교해) 알코올함량 43%에서 병입되며, 일일이 공들여 위스키 원액 통이 선별되는 방식의 싱글 배럴 위스키다. 풍미를 위해 블렌딩 과정을 거치는 엘리자 크레이그와는 달리 통별로 각각 병입되는 방식이라 풍미 프로필이 조금씩 다르다. 각 통마다 일련번호가 있어 병입된 통의 이력 추적이 가능하다.

앞에서도 이야기했다시피 내가 느낀 바로는 에번 윌리엄스의 풍미 프로필이 엘리자 크레이그와 비슷하다. 하지만 후각적으로는 바닐라 향이 더 강하고 미각상으로는 더 톡 쏘는 편이다(더 어린 버번이라서 그럴 가능성이 높다). 가벼운 옥수수, 오크, 바닐라 풍미가 느껴지다가 끝맛에서는 시트러스 풍미가 감돈다.

일각에서는 1789년 증류소를 세웠던 침례교도를 불에 그슬린 오크통에 버번을 숙성시킨 최초의 인물로 인정하고 있다.

리텐하우스

리텐하우스 스트레이트 라이 위스키는 알코올함량 50%에서 병입된다. 헤븐 힐 디스틸러리에서 증류되는 이 위스키는 미국산 정통 호밀 위스키로 분류된다. 매시 제조 과정에서 옥수수 베이스의 주정이 섞이긴 하지만 호밀이 주된 원료다.

　노즈가 매력적이며 알코올함량이 그렇게 높다는 사실이 전혀 감지되지 않을 정도다. 다크초콜릿과 여러 가지 향신료(특히 육두구와 계피) 향, 바닐라 특유의 달콤한 향이 황홀하게 퍼진다. 미각에서는 알코올함량이 더 확실하게 느껴지지만 독한 알코올 기운이 기분 좋게 전해져서 더 맛보고 싶어지도록 애를 태운다. 단맛의 정도는 다크초콜릿과 비슷하고 기름진 버터 향도 감돈다. 끝맛에서는 호밀의 전형적인 특징인 알싸함이 전해지면서도 다크초콜릿 풍미의 여운이 오래 이어진다.

　비교적 요란하지 않은 디자인의 병에 담겨 출시되는 리텐하우스 스트레이트 라이 위스키는 미국산 호밀 위스키 애주가에게 제격이다.

리텐하우스 스트레이트 라이 위스키는 미국산 정통 호밀 위스키로 분류된다.

잭 다니엘스 디스틸러리

• 설립년도: 1875년

전 세계에서 미국산 위스키를 가장 많이 팔고 있는 증류소다. 잭 다니엘스는 버번의 모든 조건을 충족시키고 있지만 병에 버번으로 표기되지는 않는다. 잭 다니엘스 위스키는 버번과 달리 단풍나무 숯으로 여과하는(즉 부드럽게 가다듬어지는) 과정을 거친다. 이 과정은 대다수 버번에서 느껴지는 옥수수의 묵직하도록 달콤한 풍미를 제거해주는 것으로 평가받고 있다. 또한 일명 링컨 카운티 프로세스로 불리며 최근에는 테네시주에서 법적으로 테네시 위스키로 규정되기 위한 필수 단계로 인정받기도 했다. 잭 다니엘스는 병의 버번 표기 문제를 별개로 치고 비교 평가하자면 켄터키주에서 생산되는 대다수 버번에 비해 맛이 부드러운 편이다.

　잭 다니엘스의 대표 상품은 그린 라벨, 블랙 라벨(현재는 올드 넘버 7으로 통합), 젠틀맨 잭이다. 세 상품 모두 알코올함량 40%에서 병입되며, 병에 숙성년수가 표기되지 않는다. 올드 넘버 7은 원액의 품질이 더 높은 통을 선별해 생산되며 알코올 기운이 살짝 덜 두드러진다. 젠틀맨 잭은 올드 넘버 7 위스키를 단풍나무 숯으로

한 번 더 여과시킨 위스키다. 잭 다니엘스 싱글 배럴 셀렉트는 더 오랜 기간 숙성
시켜 생산되는 상품으로 오크 풍미가 진하지만 노즈는 잭 다니엘스의 보편적인 특
징에서 벗어나지 않아 가벼운 편이다.

　전반적으로 잭다니엘스 위스키는 얼음을 넣어 천천히 홀짝이거나 잭다니엘스
앤 코크로 즐기고, 스트레이트로 마시기에 두루두루 잘 어울린다. 사실 잭 다니엘
스는 저렴한 가격대에 비해 비교적 가볍고 부드러운 위스키를 출시하고 있다. 한
편 미국의 대다수 증류소들과 마찬가지로 특상품도 내놓음으로써 자신들의 위스
키 제조 내공을 과시하기도 한다.

짐 빔 디스틸러리

- 설립년도: 1795년
- 브랜드: 베이커스Baker's, 바질 헤이든스Basil Hayden's, 부커스Booker's, 놉 크릭Knob Creek

미국 위스키 업계에서 가장 명성 높은 증류소로 꼽힌다. 요하네스 '레지널드' 빔이
라는 이름의 농부가 1795년경 처음으로 위스키를 통째 판매했던 것이 시초였다.

이 버번의 당시 명칭은 올드 제이크 빔이었고, 증류소는 산업혁명이 일어난 1820년경에 이르러서야 규모가 확장되었다. 레지널드의 후손들은 7대에 걸쳐 짐 빔 브랜드 위스키에 적극적으로 뛰어들었으며 짐 빔이라는 이름이 존재감을 떨치게 된 것은 제임스 B. 빔 대령이 금주법이 폐지된 이후인 1935년 이 기업을 설립한 이후였다. 현재는 짐 빔의 증손자인 프레드 노가 마스터 디스틸러로 있다. 빔 사는 2014년 산토리홀딩스에 인수되기 전까지는 상장사였다.

짐 빔은 짐 빔 브랜드로 여러 종의 위스키를 선보이고 있다. 이들 위스키 간의 주요 차이는 숙성에서 나타난다. 짐 빔 화이트는 4년간 숙성되는 반면 짐 빔 초이스는 5년 숙성 후 테네시 위스키 스타일로 숯 여과를 거친다. 짐 빔 블랙은 8년간 숙성한 후 병입 시 알코올함량이 43%로 나머지 상품들의 40%보다 약간 높다. 가벼운 스타일의 위스키를 찾는다면 짐 빔 화이트가 탁월한 선택이다. 동일한 가격대의 다른 버번과 비교해 연하게 느껴지는 무난한 위스키지만 그렇다고 해서 풍미가 없지는 않다. 꿀의 향과 나무통 숙성으로 우러난 향신료 풍미가 기분 좋고 부드럽게 다가온다. 짐 빔 블랙은 더 오랜 기간 통 숙성을 거치는 가성비 좋은 위스키이며, 짐 빔 화이트와 풍미가 비슷하지만 보다 복합적인 풍미를 띠는 묵직한 스타일로 더 풍부한 감응을 불러일으킨다. 짐 빔은 주력 상품을 다양한 가격대로 출시하고 있지만 주관적으로 볼 때 버번의 경우 스몰 배치 상품이 더 만족스럽다.

부커스

짐 빔의 상품 가운데 개인적으로 선호하는 브랜드다. 입안을 강타할 만큼 자극적인 캐스크 스트렝스 위스키라 물 몇 방울이 필요하지만 그 부분만 제외하면 완벽에 가깝다. 전해지는 이야기에 따르면 부커스는 여과도 없고 물 희석도 없이 통에서 바로 담아 친구와 가족들에게 특별선물로 나눠주던 위스키였다고 한다. 그러던 중 1992년 짐 빔이 원액 사용 통에 따라 어느 정도 차이는 있었을 테지만 이 캐스크 스트렝스 위스키를 얼추 알코올함량 64%로 병입하기 시작했다. 부커스에 사용되는 통들 대다수는 릭하우스의 중앙부에서 꺼내오는데, 바로 이 위치가 이 위스키의 숙성에 이상적인 조건을 갖춘 것으로 평가되기 때문이다. 부커스의 높은 알코올함량을 좋아하지 않는 사람들도 있겠지만 이 위스키는 내가 개최했던 시음회는 물론 친구들과의 사적인 시음자리에서도 꾸준히 좋은 점수를 얻고 있다. 버번의 전통적 풍미인 바닐라와 오크통에서 우러난 타닌의 풍미가 폭발하듯 입안을 가득 메우면서 그 묵직한 풍미로 강한 알코올의 기운을 덮어준다.

부커스는 짐 빔의 상품 가운데 개인적으로 선호하는 브랜드다.

놉 크릭

놉 크릭 스트레이트 버번은 일반적으로 출시되는 짐 빔 스몰 배치 상품들 가운데 최장기 숙성 상품이다. 나무통에서 9년간 숙성되는 이 위스키는 황금빛이 도는 매혹적인 갈색을 띤다. 알코올함량 50%에서 병입되며, 물이 희석되어 부커스만큼 얼얼하지도 묵직하지도 않다. 부커스처럼 강렬한 달콤함과 함께 진한 풍미를 띠지만 황홀한 호밀 향이 부커스보다 약간 더 안정적인 이 위스키에 얼얼함을 더한다. 놉 크릭은 짐 빔의 스몰 배치 버번과는 또 다른 감동을 선사한다.

놉 크릭은 더 높은 가격대의 싱글 배럴 위스키로도 출시된다. 놉 크릭 싱글 배럴 상품을 몇 가지 맛본 적이 있는데 전반적으로 9년산 일반 상품 위스키가 더 마음에 든다. 싱글 배럴 상품은 알코올함량 60%로 병입되지만 놉 크릭과 부커스에서 느껴지는 복잡미묘함이 그다지 느껴지지 않는다.

메이커스 마크 디스틸러리

• 설립년도: 1954년

금주법 폐지 이후 시장에서 인기를 끌었던 버번은 아주 값싼 상품군이었다. 미국 소비자들은 충분히 숙성된 위스키나 혁신적인 풍미 따위에는 관심이 없었다. 버번은 단지 칵테일을 만들어 마시는 용도로 쓰일 뿐이었다. 따라서 최소한의 숙성기간만 거친 버번이 일반적이었고 특정 브랜드를 찾는 소비자들만이 칵테일용으로 어떤 버번을 고를지 고민했다.

그런 상황에서 1950년대 말 빌 사무엘스가 고급 위스키 생산을 목표로 삼으며 메이커스 마크를 인수했다. 그에 따라 메이커스 마크의 첫 번째 상품은 고급 원료와 장기숙성에 초점을 맞춰 1958년에 출시되었다. 특유의 붉은색 밀랍 봉인은 이 버번의 매력 포인트로 작용했고, 초창기에 내세웠던 광고 문구는 "비싼 맛이 나며…… 비쌉니다"였다.

메이커스 마크 덕분에 버번 산업의 수준이 높아지자 다른 증류소들도 부랴부랴

더 좋은 품질의 스몰 배치 위스키를 내놓기 시작했다. 합병된 여러 버번 브랜드들과는 달리 메이커스 마크는 증류기나 매시를 다른 버번과 공용으로 사용하지 않는다. 따라서 대량생산임에도 불구하고 정말로 개성 있는 버번이며, 나는 이 위스키를 홀짝이는 용도로나 섞어 마시는 용도로 두루두루 즐긴다.

나는 메이커스 46의 팬이다. 이 위스키는 추가 오크통 숙성을 시킬 때 통 안에 나무 조각을 더 집어넣는다. 이는 와인 업계에서 흔히 이용하는 방법인데 메이커스 마크는 버번 생산에 이 방식을 최초로 도입한 선두주자에 속한다.

메이커스 46에서는 오크에서 우러난 강한 바닐라 향과 은은한 향신료 향이 느껴진다. 달콤한 풍미는 점차 토피 풍미로 바뀐다. 복잡미묘한 위스키는 아니지만 결코 밋밋하지도 않다. 나는 매장에서 쉽게 구할 수 있는 최상급 버번 코너로 손을 뻗을 때면 메이커스 마크 46을 제일 먼저 집을 때가 많다.

메이커스 마크는 짐 빔의 소유지만 다른 짐 빔 위스키들과 별도로 메이커스 마크만을 생산하는 증류소에서 증류된다.

메이커스 마크 덕분에 버번 산업의 수준이 높아졌다.

와일드 터키 디스틸러리

- 설립년도: 1940년
- 브랜드: 와일드 터키|Wild Turkey, 러셀스Russell's

와일드 터키 81 버번으로 가장 유명하다. 호밀 풍미가 강한 이 버번은 병입되는 알코올함량이 40.5%로 낮은 편이다. 이 위스키는 나에겐 잔잔하고 몰입도가 떨어지는 듯 느껴지지만 원샷으로 마시거나 칵테일로 섞어 마시기에는 그만이다. 와일드 터키 101은 알코올함량 50.5%이며 입맛에 훨씬 더 흥미를 돋운다.

이 증류소에서 생산되는 위스키 중에는 러셀스 브랜드가 특히 더 흥미롭다. 이 브랜드명은 마스터 디스틸러 지미 러셀과 그의 아들 에디 러셀의 성을 따서 지어졌다. 러셀스 리저브 스몰 배치 10년산은 와일드 터키와 비슷한 매시를 사용했을 가능성이 높지만 10년간 숙성을 거치는 데다 더 품질이 뛰어난 원액 통이 선별되고, 알코올함량이 45%라서 와일드 터키에 비해 한결 더 흥미롭다. 노즈는 살짝 은은해서 와일드 터키와 다르지 않지만 감초와 구두광택제 냄새가 보다 진하다. 입

안에서는 호밀 풍미가 치고 나오며 활기를 북돋아주어 처음엔 매력적인 얼얼함이 느껴지다가 맛 좋은 끝맛이 오래도록 남는다. 달콤함은 금세 사라지고 중반에 캐러멜 풍미가 감돌다가 거슬리지 않는 쌉쌀함이 살며시 다가온다.

전반적으로 말해서 평소 와일드 터키를 마시는 사람에게 러셀스는 같은 베이스 원료를 쓰되 더 오래 숙성시키고 정성스레 선별된 통의 원액을 사용해 주조할 경우 어떤 차이가 나는지를 보여주는 좋은 기준이 된다. 게다가 러셀스는 보너스 점수까지 받을 만하다. 현대적이고 멋진 방식으로 전통적인 위스키를 탄생시켰으니 그럴 자격이 충분하다.

우드포드 리저브 디스틸러리

• 설립년도: 1780년

켄터키주에서 가장 오래된 증류기를 보유하고 있다. 1900년대에 한동안 생산을 중단했지만 1996년에 자체 브랜드를 다시 출시했다. 이 증류소의 브랜드는 크게 전통적인 버번을 표방하는 우드포드 리저브와 위스키 수집가들이 눈독 들일 만한 최고급 위스키에 주력하는 마스터스 컬렉션으로 나뉜다.

우드포드 리저브는 전통적인 버번 특유의 노즈인 진한 달콤함과 알싸함을 띤다. 미각적으로는 오크에서 우러난 강한 바닐라 풍미, 크리미한 질감, 향신료의 알싸함이 특징이다. 끝맛에서는 알싸함과 달달함이 풍부하게 전해진다. 미국 위스키의 뛰어난 귀감으로 꼽을 만하지만 사람에 따라서는 너무 강렬하게 느껴질 수도 있는데 그럴 경우 물을 살짝 섞어주면 그런 느낌이 한결 덜할 것이다.

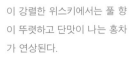

이 강렬한 위스키에서는 풀 향이 뚜렷하고 단맛이 나는 홍차가 연상된다.

우드포드 리저브의 다양한 마스터스 컬렉션은 진정한 버번 애호가라면 맛볼 만한 가치가 있다. 특히 우드포드 리저브 포 우드 셀렉션은 아주 복잡미묘함을 띠는 버번의 좋은 귀감이며, 평균적인 스카치위스키보다 가격이 높지만 스카치위스키 애주가들이 흔히 버번에서 아쉬워하는 부분인 깊이감이 적절하게 구현되어 있다. 우드포드 리저브의 다른 모든 버번들과 똑같이 새 오크통에서 숙성된 후 스코틀랜드 위스키의 추가숙성과 유사한 방식으로 셰리가 담겼던 통과 포트가 담겼던 유럽산 오크통에서 추가숙성을 거친다. 그 이후에도 단풍나무 통에서 네 번째 숙성에

들어간다.

이 버번은 병의 디자인이 멋진데, 특히 바닥 부분이 두툼해 위스키의 짙은 호박색 빛깔이 더욱 돋보이고 병목은 길쭉하다. 노즈는 애플파이와 캐러멜 계열의 향을 비롯해 다채로운 특징을 띤다. 이 모든 향과 더불어 구두광택제 냄새까지도 높은 알코올 기운을 뚫고 후각으로 전해져 온다. 첫 모금에서는 벅차다 싶을 만큼 강렬하지만 몇 모금 더 마시다 보면 풍미에 적응이 된다. 나는 이 강렬한 위스키에서 풀 향이 뚜렷하고 단맛이 나는 홍차가 연상된다. 그만큼 홍차에서 느껴지는 가벼운 쌉쌀함이 입안에 감돈다. 캐러멜화 설탕의 풍미가 점차 사라지는 향신료의 알싸함과 뒤섞이면서 끝까지 이어지기도 한다. 이 위스키는 버번 애호가들은 싫어하고 스카치위스키 애호가들은 아주 좋아할 만한 그런 버번이다.

CHAPTER 5

캐나다의
위스키

주로 유럽 이주자들이 만들었다는 점에서 미국과 유사하다. 당시 수요가 많았던 것은 위스키만이 아니었다. 캐나다의 혹독한 겨울을 버티게 해줄 소들에게 먹일 고단백 사료의 재료인 위스키 곡물 폐기물의 수요도 많았다. 캐나다는 그 최절정기에 이런저런 종류의 스피릿을 만드는 증류소가 수백 곳에 달했다.

캐나다 위스키가 미국에서 성공을 거두게 된 공로를 금주법으로 돌리는 사람들이 많지만 사실 미국의 남북전쟁이 더 큰 영향을 미쳤다. 미국에서는 남북전쟁이 치러지는 동안 위스키 생산이 거의 중단되다시피 했다. 이 기간 동안 캐나다의 증류소들은 양 국가의 수요에 부응하면서 호황을 누렸다. 캐나디언 클럽이 한때 미국에서 가장 많이 팔리는 위스키였을 정도다. 캐나다 위스키는 비교적 가벼워서 무난하게 마실 수 있는 위스키로 유명하다.

캐나디언 클럽은 한때 미국에서 가장 많이 팔리는 위스키였다.

캐나다 위스키에 대해서는 여러 오해들이 있지만 그중 한 가지는 '호밀'이라는 별명에 얽힌 것이다. 캐나다가 위스키 제조에서 증류의 원료로 호밀을 최초로 사용한 것은 사실이지만 초창기 위스키의 호밀 함량은 아주 미미했다. 호밀은 토양이 척박해 옥수수나 밀이 제대로 자라지 못하는 환경에서도 잘 자라는 곡물이다. 이런 이유로 캐나다의 위스키 생산자들은 호밀을 재배하기 시작했고, 그 결과로 밀 베이스 위스키의 비교적 순한 풍미를 보완할 수 있게 되었다. 호밀은 거친 환경에서도 잘 자랐을 뿐만 아니라 알싸한 풍미를 더해주어 캐나다 위스키에 독특한 특성을 부여했다. 미국에서 판매할 때는 아예 '호밀 위스키'로 칭해지기도 했다.

하지만 캐나다 위스키에만 호밀이 원료로 사용되는 것은 아니다. 상당수의 미국 버번들도 호밀 함량이 최소 12%이며, 대다수 버번 제조자들은 호밀의 비율을 아무리 낮춰도 8% 아래로는 낮추지 않으려 한다. 미국의 호밀 위스키는 호밀의 최소 함량이 51%다(버번의 최소 옥수수 함량이 51%인 것과 똑같다). 캐나다에는 미국처럼 이런 의무 함량을 규제하는 법이 없다. 다시 말해 캐나다산 위스키에는 병에 호밀이 표기되더라도 호밀의 최소 함량이 들어가 있지 않을 수도 있다. 사실 원론적으로는 호밀이 전혀 함유되어 있지 않아도 상관없다.

캐나다 위스키는 주로 연식증류기로 증류된다. 연식증류기는 알코올 증류에는 아주 효과적이지만 효율성을 추구하는 과정에서 증류되는 곡물 특유의 풍미 일부가 제대로 살아나지 못하기도 한다. 캐나다 위스키는 대개 옥수수가 주원료지만 연식증류기 사용의 영향으로 버번에 비해 풍미가 가볍다. 경우에 따라 연식증류기로 증류된 위스키는 나중에 풍미를 더하기 위해 보다 전통적인 구리 증류기에서 증류된 위스키와 블렌딩되기도 한다. 가벼운 풍미는 전통적인 캐나다 위스키의 본질이라는 통념이 있긴 하지만 법적으로 캐나다 위스키에는 위스키 이외의 첨가물을 섞어도 무방하기 때문에 캐나다의 위스키 제조자들은 다른 주요 위스키 생산국들에 비해 보다 많은 자유를 누리고 있다.

켄터키주를 여행하던 중 알게 된 사실이지만 캐나다 위스키에는 보드카가 섞인다고 오해하는 이들이 더러 있었다. 보드카가 첨가물로 들어간다는 것은 사실이 아니다. 법적으로 캐나다 위스키에는 보드카를 섞을 수 없지만 다른 첨가물들이 섞이기는 한다. 역사적으로 거슬러 올라가면 캐나다의 대형 증류소 하이람 워커는 어느 순간부터 위스키에 와인을 섞기 시작했다. 이것은 풍미를 위한 작업이었지만 한편으론 세금 때문이기도 했다. 위스키에 미국산 와인 10분의 1을 섞어 판매세를 크게 감면받았던 것이다. 이런 와인은 첨가되기 전에 증류 과정을 거침으로써 브랜디와 비슷해지지만 소비자들이 매장에서 돈을 주고 살 만한 수준의 품질은 아니다. 일례로 위스키에 섞어 넣는 와인으로 흔히 플로리다산 오렌지로 만든 와인을 쓰는 것이 예사였기 때문이다. 오늘날까지도 이런 세금감면 혜택이 어느 정도 이루어지고 있는 점을 감안하면 미국에서 판매되는 캐나다 위스키에는 미국산 와인이나 스피릿이 섞여 있을 가능성이 있다.

캐나다 위스키 업계는 이런 역사적 요소를 바탕으로 와인 첨가비율을 위스키의 10분의 1 정도로 자율규제하고 있다. 이 비율 책정방식이 캐나다 법에도 채택되어 캐나다 위스키에는 위스키 원액이 90.9%만 함유되면 된다. 나머지 9.1%에는 셰리나 와인, 숙성기간이 비교적 짧은(오크통 숙성기간이 최소 2년) 위스키 등의 첨가물을 섞어도 상관없다(단, 보드카는 오크통 숙성을 거치지 않기 때문에 첨가될 수 없다). 다시 말해 10년산 캐나다 위스키의 경우 10년간 숙성된 위스키가 90.9%만 들어가면 되며, (원론적으로는) 여기에 2년 숙성 위스키를 블렌딩해 넣으면서 그 사실을 라벨에 표기하지 않아도 괜찮다는 것이다.

다른 위스키 생산국들은 법적으로 허용되는 캐나다 위스키의 자유재량을 비웃곤 한다. 사실 유럽 상법에서는 물과 착색용 캐러멜 이외의 첨가물이 사용된 캐나

캐나다 위스키에는 보드카가 섞일 거라고 오해하는 사람들이 더러 있다.

다 위스키의 판매를 금지하고 있기까지 하다. 주요 위스키 생산국 가운데 캐나다만큼 많은 첨가물을 사용할 수 있는 곳은 없지만 스코틀랜드만 해도 첨가물 사용을 금지하는 법을 최근에야 통과시켰고, 다른 대다수 스피릿들의 경우 어느 정도의 첨가물 사용이 허용되고 있다. 이런 식의 첨가물 사용이 드물긴 하지만 엄연히 행해지는 관행이라는 사실에도 주목해야 한다. 게다가 캐나다 위스키 가운데 홀짝이며 마시기에 적절한 위스키의 대다수는 100% 숙성 위스키다.

법적으로 싱글 몰트 스카치위스키 생산자들은 최종 위스키에 셰리나 와인을 넣을 수 없다. 하지만 추가숙성을 설명하며 이야기했다시피 스코틀랜드의 새로운 상품군 상당수가 이전에 와인, 셰리, 심지어 포트 등이 숙성되었던 통에서 추가숙성을 거친다. 이런 통들은 전에 무엇이 담겨 있었든 간에 대체로 축축하게 젖어 있어서 그 통에 담기는 최종 위스키에 위스키가 아닌 술이 어느 정도 섞여들어가게 된다. 추정치에 따르면 와인을 담았던 통에 위스키 원액이 담길 경우 단 며칠 사이에 최종 위스키에 우러나는 와인의 양이 6~9리터(최대 5.5%)에 이른다. 게다가 이런 위스키는 통상적으로 이와 같은 재사용 통에서 3~9개월간의 숙성을 거치면서 통에 스며들어 있는 그 달달한 술을 추출해낸다.

캐나다의 위스키 제조자들은 위스키 풍미에서 획기적인 시도를 펼칠 자유를 누린다. 그 결과 소비자에게까지 혜택이 이어지는 비용절감이 이루어지고 있다. 캐나다의 위스키는 대개 고효율적인 연식증류기를 통해 증류되지만 첨가물을 사용함으로써 다른 위스키 생산국들에서는 끌어내기 쉽지 않은 풍미들을 끌어내고 있으며, 가격에 민감한 쇼핑객들은 그런 결과에 흡족해할 가능성이 높다. 하지만 위스키 순수주의파들은 그럴 가능성이 낮다. 이런 첨가물 사용관행에 대해 노골적으로 제기되는 비난은 첨가물을 사용해도 그 사실이 라벨에 표기되지 않는다는 문제다. 위스키 업계는 다른 주류 업계들에 비해 첨가물에 유독 민감하다. 사실 와인메이커들도 당분과 브랜디를 첨가할 수 있고, 맥주 제조자들도 시럽을 첨가할 수 있지만 이런 식의 첨가 사실이 라벨에 표기되지는 않는다.

캐나다 위스키는 풍미가 가벼운 편이다. 이런 풍미는 주로 첨가물에서 기인한다. 전통적으로 캐나다의 위스키는 버번과는 다른 방식으로 만들어진다. 이는 미국의 버번이 새 오크통에서 숙성되는 반면 캐나다의 위스키는 대개 재사용 오크통

캐나다 위스키는 비교적 풍미가 가벼운 편이다.

에서 숙성되는 측면과 관계가 깊다. 이 두 나라는 블렌딩 방식에서도 차이가 난다. 캐나다나 미국 위스키 모두 옥수수 풍미가 진한 편이지만 미국은 옥수수, 보리, 호밀과 밀(또는 호밀이나 밀)을 혼합한 매시빌을 증류한다. 캐나다 위스키는 전통적으로 각 곡물을 따로따로 증류한 싱글 그레인 위스키를 저마다 다른 통에 담아 숙성시킨다. 어떤 곡물이 함유되든 간에 최종 위스키는 병입 전 마지막 숙성 단계에서야 함께 섞인다. 캐나다의 위스키 제조자들은 곡물별로 통을 그슬리는 단계를 달리해 자연스러운 풍미가 우러나게 하며, 그에 따라 미국 위스키와 맛이 크게 다른 편이다. 또한 그 덕분에 캐나다에서 더 가벼우면서도 풍미 그윽한 위스키가 생산될 수 있는 것이다.

각각의 곡물을 따로따로 증류하면 특정 곡물의 풍미가 더 많이 우러난다. 나는 캐나다의 블렌디드 버번과 블렌디드 호밀 위스키의 맛이 미국의 같은 위스키들과 비교했을 때 왜 그렇게 차이가 나는지를 수년간 궁금해 하다가 (『캐나다의 위스키: 분할의 고수Canadian Whisky: The Partable Expert』의 저자인) 다뱅 드 케르고모가 호밀 취급방식의 결정적 차이점과 그 차이점이 최종 풍미에 미치는 영향을 짚어낸 설명을 통해 비로소 궁금증을 풀게 되었다. 쓰는 원료가 같더라도 캐나다 위스키는 호밀을 별도로 증류·숙성시키기 때문에 옥수수, 호밀, 밀, 맥아를 함께 섞어 발효시킨 매시빌을 사용하는 미국 위스키에 비해 호밀 풍미가 강한 것이었다.

다른 위스키 생산국들과 비교해보면, 캐나다는 현대의 순수주의가 대두되기 전까지 전 세계에서 활용되었던 전통적 관행들을 여전히 고수하고 있다. 그리고 이에 힘입어 (와인이나 셰리 같은 첨가물 사용 덕분에) 캐나다에서만 생산이 가능한 저렴하고 달콤한 위스키는 물론이요 캐나다만의 차별화된 풍미가 부여되는 경이로운 최고급 위스키의 기반을 구축하고 있다. 이런 위스키들은 비슷한 숙성년수를 가진 다른 생산국들의 위스키와 비교해볼 때 가격도 저렴한 편이다.

소비자들은 캐나다 위스키에서 가벼운 풍미를 기대한다. 씨그램과 캐나디언 클럽은 이런 소비자층의 욕구에 발맞춰 가벼운 스타일의 위스키를 대량생산하고 있다. 하지만 이는 캐나다 위스키 업계의 전체적인 그림이 아니다. 게다가 풍미가 두드러지는 위스키의 출시가 점차 늘어나고 있기도 하다.

캐나다 위스키 시장을 둘러싼 또 하나의 논란거리는 캐나다 위스키의 대다수가

각각의 곡물을 따로따로 증류하면 특정 곡물의 풍미가 더 많이 우러난다.

다른 나라에 수출되어 여러 가지 다른 상품명으로 병입되어 판매된다는 사실이다. 바로 이런 이유 때문에 나는 캐나다의 최고급 위스키에 점점 더 흥미가 생긴다. 아일랜드 위스키와 마찬가지로 스코틀랜드 위스키 역시 향후 10년 동안 더욱 다양해질 것으로 예상되며 다양한 상품 부문에서 흥미로운 위스키가 출시될 것이라는 기대감에 마음이 설렌다.

대대적인 규모의 수출 상품 대다수가 그렇듯이 외국 소비자들은 어느 국가든 특정 국가의 최상품을 구하게 될 가능성이 낮다. 코로나는 멕시코에서 인정하는 최상급 맥주가 아닐 수도 있지만 세계 곳곳에서 팔리고 있다. 그와 마찬가지로 캐나디언 클럽은 세계 곳곳에서 유통되고 있지만 캐나디언 클럽이 딱히 캐나다의 최상급 위스키를 대표하는 것은 아니다.

앨버타 디스틸러스

- 설립년도: 1946년
- 브랜드: 앨버타 프리미엄Alberta Premium, 마스터슨스Masterson's

앨버타 프리미엄

매우 호평받는 캐나다 위스키로 구하기 어려운 편이다. 퍼피 반 윙클과 견줄 만큼은 아니지만 위스키 수집가들 사이에서는 앨버타 프리미엄 25년산이나 30년산 호밀 위스키를 알아준다. 캐나다인이라면 맛을 본 사람도 더러 있겠지만 캐나다 밖으로는 좀처럼 유통되지 않아서 시장에 나왔다 하면 두 상품 모두 수집가들 사이에서 사재기 바람이 일어난다. 사실 상당수 미국인들이 단지 이 위스키를 구매하기 위해 일부러 차를 몰고 앨버타에 다녀오기까지 한다. 이런 열풍은 단지 맛 때문만이 아니라 100달러가 채 안 되는 가격 때문이기도 하다.

앨버타 프리미엄의 특상품 두 종은 희귀하지만 호밀 풍미 중심의 저렴한 위스키도 내놓고 있다. 앨버타 프리미엄 위스키와 앨버타 프리미엄 다크호스 위스키는 가격이 저렴한 데다 구하기도 쉽다. 호밀 풍미 진한 이 위스키들은 호밀 위스키 애호가에게는 만족감을 안겨주고, 버번 애호가에게는 잠시 생각에 잠길 여유를 선사

할 것이다.

앨버타 프리미엄 다크호스는 흥미로운 위스키다. 거의 호밀 위스키에 가까우며 옥수수 베이스의 위스키와 약간의 셰리가 살짝 섞여 있다. 재사용 통에서 숙성되는 위스키 치고 빛깔이 상당히 진하지만 그 짙은 빛깔이 적절한 풍미와 잘 어우러진다. 호밀, 버번, 약간의 셰리가 잘 조합된, 홀짝이며 마시기에 좋은 아주 달달하고 저렴한 위스키다. 동일 가격대의 위스키 대다수는 경제적 이유뿐만 아니라 더 부드러운 풍미를 내고자 하는 바람 때문에 알코올함량 40%에서 병입되는 편이라면 이 다크호스 위스키는 신통하게 알코올함량 45%에서도 풍미를 꽉 채워냈다.

반면 앨버타 프리미엄 위스키는 크리스털 병을 연상시키는 다소 고전적인 디자인의 병에 담기며 다크호스에 비해 몇 달러 더 저렴하다. 빛깔이 옅은 편이고 100% 호밀로 빚어지며 동일 상품군에 비해 풍미 표현이 뛰어나다. 편하게 홀짝이기에는 부담스러울지도 모르지만 주조법상 호밀이 필요한 칵테일에 섞어 마시기에는 좋다.

마스터슨스

마스터슨스 라이는 35 메이플 스트리트라는 이름으로 스피릿 부문에 진출한 미국의 와인메이커가 소유권을 가지고 있으며 병입도 직접 하고 있다. 이 호밀 위스키의 원액 구성비율을 파헤치면 상당량은 미국산이 차지하고 있지만 주정의 증류는 앨버타주 캘거리에 위치한 앨버타 디스틸러스에서 맡아 하고 있다. 마스터슨스 10년산 스트레이트 라이 위스키는 프리미엄 위스키에 속하며, 품질을 인정받아 다수의 상을 수상하기도 했다.

위스키 애주가들은 100% 호밀 위스키를 꺼려하는 경향이 있다. 100% 호밀 위스키는 버번 특유의 달콤함은 없지만 보리 베이스 술과 비교했을 때 풍미가 더 강하다. 켄터키주의 대다수 증류소들도 달콤함을 약간 덜어낼 뿐만 아니라 알싸하고 긴 여운을 더하기 위해 버번의 매시에 호밀을 일정 비율 섞어 넣는다.

마스터슨스 10년산 스트레이트 라이 위스키는 새 오크통에서 충분히 숙성된 호밀 위스키의 장점을 강렬하게 부각시켜주는 감동적인 상품이다. 노즈는 꽃 계열의 향이 강렬하고도 복합적으로 다가와 향수나 가죽용 오일이 연상된다. 미각적으로는 강한 바닐라 풍미가 부족하지만 그 부족함을 감초 등의 더 강한 풍미와 후추와 같은 톡 쏘는 향이 메워준다. 끝맛은 아주 드라이하며 알싸하면서 흙내음 같은 여운이 아주 오래도록 이어진다. 한마디로 풍부한 깊이감의 복합적인 위스키를 찾고 있다면 마스터슨스 라이야말로 탁월한 선택이다.

블랙 벨벳 디스틸러리

- 설립년도: 1951년

- 브랜드: 블랙 벨벳Black Velvet, 댄필즈Danfield's

앨버타주 레스브리지에 터를 잡고 있는 대규모 증류소다. 주요 상품은 대량생산되어 믹싱용으로 인기 있는 위스키들이며, 블랙 벨벳 브랜드 등이 여기에 해당된다. 믹싱용 위스키는 이 책이 다루고자 하는 주요 주제 밖에 있지만 블랙 벨벳 디스틸러리는 댄필즈 리미티드 에디션 21년산을 빚어내는 곳이기도 하다. 댄필즈 리미티드 에디션 21년산으로 말하자면 윌리엄스앤처칠에서 병입해 판매하는 상품으로 전 세계적으로 호평을 얻고 있다.

고전적인 스타일의 병 라벨만 보고 우습게 여겨서는 안 된다.

　고전적인 스타일의 병 라벨만 보고 우습게 여겨서는 안 된다. 그 점에 있어서라면 스크루 마개도 마찬가지다. 겉모습이 아닌 위스키 자체에 주목해보자. 댄필즈 21년산은 그저 그런 위스키가 아니다. 우선 호밀 풍미가 강렬해서 미국 위스키에서 느껴지는 순한 호밀 풍미와는 다르다. 비유하자면 무딘 버터 칼보다는 날카로운 스테이크 칼에 가깝다. 후각적으로는 내가 20대 시절 싫어했던 호밀의 단점이 죄다 연상되지만 독자들이 괜한 선입견을 갖지 않도록 그 이야기는 생략하겠다. 일단 호밀의 향이 지나가고 나면 캐러멜 풍미와 오크 특유의 향이 기분 좋게 다가온다. 전반적으로 노즈가 아주 만족스럽다. 미각적으로는 미묘한 캐러멜과 진한 벌꿀 풍미를 띠면서 기름진 느낌을 준다. 게다가 여기까지는 맛보기에 불과하다는 듯 이어서 톡 쏘는 듯한 후추 맛, 타닌과 토피의 풍미가 황홀하게 다가오기도 한다. 그러다 끝맛에서는 톡 쏘는 후추 맛이 주도적으로 드러나다가 버터의 쌉쌀함이 살짝 감돌면서 긴 여운을 남긴다.

　댄필즈는 캐나다 이외의 지역에서는 구하기 힘들지만 기회가 생긴다면 이 캐나다 호밀 위스키의 돋보이는 풍미 프로필을 느껴보길 권한다. 스트레이트 버번 애호가들에게는 그 풍미가 처음에는 별로인 것처럼 느껴지다가 익숙해져야 좋아지게 될 만한 맛일 수도 있지만 서서히 입맛을 들일 만한 가치가 충분하다.

블렌딩업체: 카리부 크로싱

앞에서도 이야기했다시피 캐나다의 위스키 대다수는 캐나다 외부에서 여러 상품명으로 병입되어 출시된다. 경우에 따라서는 아무 맛도 없고, 전 세계에 저가 스피릿을 마구 내보내는 것이 목표인 위스키도 있다. 대체로 이런 위스키는 캐나다 국기와 무스(캐나다, 미국 북부에 사는 큰 사슴-옮긴이)를 병에 턱하니 박아놓아 누가 봐도 캐나다 위스키라는 것을 알 수 있다! 이런 위스키 중 상당수는 정작 캐나다에서는 알아주지도 않는 위스키다.

카리부 크로싱은 그런 위스키가 아니다. 하지만 허상적인 위스키다. 다시 말해

한 미국 기업이 캐나다산 위스키를 미국에 판매할 목적으로 무명의 캐나다 증류소들에서 생산된 위스키 수십만 통을 사들여 만드는 위스키라는 이야기다. 심지어 병에 사슴뿔 문양까지 박혀 나온다! 카리부 크로싱은 최고급 버번이나 12년산 스카치위스키와 비슷한 가격대로 책정되는데, 이런 가격 책정의 목적은 캐나다 위스키의 위상을 높이려는 것이다. 카리부 크로싱은 캐나다 위스키 최초의 싱글 배럴 상품이기도 해서 병마다 어느 정도 풍미의 차이가 있다. 첫 스몰 배치가 시장에서 반응이 좋으면 재주문에 들어가게 된다. 무명 증류소들의 조합체라 할 만한 카리부 크로싱은 새즈락/버펄로 트레이스에게 소유권이 있다.

후각적인 측면에서는 캐나다 특유의 호밀 풍미가 두드러지는 특징을 갖는다. 향신료의 알싸함이 강렬하고 여기에 태운 설탕과 풍부한 바닐라 풍미가 더해진다. 미각적으로는 처음엔 미묘하고 부드럽다가 점차 알싸함과 진하고 맛 좋은 버터 풍미가 기분 좋은 밸런스를 이룬다. 미묘한 여러 겹의 풍미를 차근차근 느껴보려면 여러 번 음미해야 하는 위스키지만 음미하다 보면 버터캐러멜 같은 풍미가 알싸한 향과 함께 다가오기도 한다. 여운은 너무 빨리 가라앉는 듯 느껴질 수도 있지만 알싸하면서도 살짝 쌉쌀하고 드라이한 풍미가 동시에 전해진다.

포티 크릭 디스틸러리

• 설립년도: 1992년

독립적이고 혁신적인 캐나다식 사고의 최근 사례를 들라면 가장 먼저 떠올릴 만한 곳이다. 그 유래가 된 사연 또한 흥미롭다.

증류소의 설립자 존 홀은 온타리오주 윈저에 위치한 캐나다 최대의 위스키 증류소 인근에서 자랐다. 어릴 때부터 졸업을 하면 위스키 업계에서 일하게 될 것으로 기대했지만 막상 직업전선에 들어서 보니 윈저 외곽의 와인 업계 말고는 일자리가 없었다. 존 홀은 와인 양조와 판매 부문에 20년간 몸담다가 마침내 (동업자들과 함께) 와인업체를 매각하고 현재 포티 크릭으로 불리는 부지를 매입하게 되었다.

초창기 포티 크릭에서는 스피릿 외에 와인도 생산했고 와인 사업을 계속 이어갔지만 첫 열정의 대상이던 위스키에 그야말로 진지하게 임했다. 그 후 위스키 판매량이 안정세에 들어서자 와인 사업을 매각하고 위스키 생산에 집중했다.

와인메이커로 몸담아왔던 시간은 위스키 생산자로서의 재능을 발휘하는 데 유용하게 작용했다. 와인메이커 시절 홀은 세계적으로 우수한 품종으로 인정받는 세 가지 품종의 포도, 즉 카베르네 소비뇽, 메를로, 카베르네 프랑을 원료로 다루었다. 실제로 명품 와인 상당수가 이 세 품종을 섞어서 빚어진다. 존 홀은 명품 위스키에도 세 가지 우수한 곡물, 즉 옥수수, 보리, 호밀이 필요하다고 믿었다.

포티 크릭에서는 곡물을 종류별로 따로따로 다룬다. 숙성 과정에서도 약간씩 정도의 차이를 두어 그슬린 통에 따라 담아 각 곡물의 특성이 잘 살아나게 한다. 이처럼 곡물을 따로따로 다루면 최종 위스키에 더 다양한 풍미가 부여된다. 곡물들이 병입 전 마지막 단계에서야 서로 합쳐져 마지막 몇 개월 동안만 한 통에서 지내기 때문이다. 포티 크릭에서 출시하는 저렴한 위스키들로는 포티 크릭 쿠퍼 포트, 포티 크릭 배럴 셀렉트가 대표적이다. 둘 다 풍미 표현이 탁월하며 옥수수, 보리, 호밀이 풍미에 있어 동등한 역할을 하지만 쿠퍼 포트의 경우 비교적 호밀 풍미가 더 두드러진다. 블렌딩되는 원액들의 숙성기간은 대체로 6~10년이다.

포티 크릭의 특상품은 홀짝이며 마시는 위스키로 즐기기에 아주 제격이다. 포티 크릭 컨페더레이션 오크 리저브는 150년 된 캐나다산 화이트 오크로 제작된 통에서 최종 숙성을 거치는데, 나무는 인근 숲에서 지속 가능적 벌채방식(숲에 이로운 영향을 주는 경우에만 베어내는 방식)으로 조달한다. 숲이 울창할수록 최종 풍미에 그 지역 고유의 풍미가 부여되기 쉽다. 노즈는 (울창한 숲에서 채취될 법한 그런) 메이플 시럽의 향이 진하게 풍기고, 벌꿀과 호밀 특유의 알싸함도 함께 느껴진다. 미각적으로는 백점 만점의 위스키라는 인상을 선사하면서 아주 묵직하고 진한 바닐라와 톡 쏘는 향신료 풍미를 띤다.

포티 크릭에서는 곡물을 종류별로 따로따로 다룬다.

글렌노라 디스틸러리

• 설립년도: 1990년

글렌 브레톤 레어는 노바스코샤주에 위치한 글렌노라 디스틸러리의 상품이며 '글렌'이라는 명칭은 전부터 논쟁의 대상이 되어왔다. 스카치위스키협회에서는 이 증류소가 '글렌'이라는 명칭을 사용함으로써 병에 '글렌'이라는 명칭을 넣는 스코틀랜드의 여러 유명 증류소들과 혼동을 일으켜 소비자들을 현혹시키고 있다고 주장했다. 논란은 재판으로까지 이어져 판결이 엎치락뒤치락하다가 글렌 브레톤이 최종 승소했고 캐나다 대법원은 기각 결정을 내렸다. 장난기가 발동해 그랬을 거라 짐작되지만, 글렌노라 디스틸러리는 이 승리를 기념해 '배틀 오브 더 글렌'이라는 명칭의 상품을 출시하기도 했다.

글렌 브레톤 레어는 스코틀랜드산 위스키 스타일로 생산되는 캐나다산 위스키다. 맥아를 원료로 쓰며 스코틀랜드와 비슷한 기후에서 미국산 오크통에 담겨 숙성된다. 증류소의 소재지인 노바스코샤주는 노바스코샤라는 명칭 자체가 라틴어로 '새로운 스코틀랜드'를 뜻하며, 스코틀랜드와 문화도 유사하다.

가장 호평받는 글렌 브레톤 레어 10년산은 단순한 스코틀랜드 스타일 위스키에 그치지 않고 비교적 가벼운 풍미를 띠는 캐나다 고유의 특성이 가미되어 있다. 노즈는 시럽 같은 달달함이 풍겨서 시트러스 향과 밸런스가 잘 잡힌 벌꿀이 연상되며, 생강의 알싸함도 은은히 풍기는 듯하다. 미각적으로는 스카치위스키보다 버번에 가까운 인상을 주어 묵직함과 메이플 시럽 같은 달달함이 입안을 채우다가 끝맛으로 이어질수록 얼얼할 정도의 오크 풍미가 느껴진다.

캐나다는 얼 때까지 따지 않고 기다렸다가 수확한 포도로 빚는 디저트 와인인 아이스와인의 본고장이다. 아이스와인은 특유의 생산 과정을 거쳐 디저트와 찰떡궁합을 이루는 달콤한 농축 와인이다. 글렌 브레톤은 아이스와인이 담겼던 통에서 숙성시키는 아이스 위스키 시리즈를 내놓고 있다. 빛깔의 차이만으로 미루어 짐작컨대 그 통들은 여러 번 재사용되는 듯하다. 아이스와인이 담겼던 통에 4개월가량 담겨 있으면 그 결과는 흥미롭다. 나는 알코올함량 56% 이상에서 병입되는 15년산을 특히 즐겨 마신다. 이 15년산은 높은 알코올 기운이 시럽 같은 달달함 뒤에 가려져 잘 드러나지 않는다. 끝맛으로 이어지면서 전해지는 달콤쌉싸름한 맛이 유일한 불만이지만 충분히 숙성된 위스키에서 느껴지는 향신료의 얼얼함이 내내 지속되는 풍미는 그야말로 일품이다.

글렌 브레톤은 전 세계로 유통되고 있으며, 스코틀랜드 위스키 스타일로 빚어진 캐나다 위스키의 뛰어난 본보기라 할 만하다.

글렌 브레톤 레어는 스코틀랜드산 위스키 스타일로 생산되는 캐나다산 위스키다.

하이람 워커 디스틸러리

- 설립년도: 1858년
- 브랜드: 깁슨스^{Gibson's}, 로트 넘버 40^{Lot No. 40}, 와이저스^{Wiser's}, 캐나디언 클럽^{Canadian Club}

캐나디언 클럽

캐나다와 미국 양국에서 오랜 명맥을 이어온 위스키다. 한때 '클럽 위스키'라는 명칭으로 출시되던 1800년대 말부터 1900년대 초에는 불쾌한 논쟁에 휘말린 적도 있었다. 금주법 시행 이전이던 당시에도 이 위스키는 인기가 대단했고 위기감에 빠진 미국 증류소들은 이 위스키의 명칭에 '캐나다'를 집어넣게 해달라는 청원서를 제출했다. 미국 소비자들의 구매욕구가 한풀 꺾이리라는 기대에 따른 조치였다. 결국 이 증류소의 설립자 워커는 병의 맨 위쪽에 'Canadian'이라는 문구를 추가했고 이후 공식 명칭이 'Canadian Club'으로 변경되었다.

전해지는 풍문으로는 금주법 시대에 알 카포네가 캐나디언 클럽을 대량 구매했다고 한다. 이 무렵 캐나디언 클럽은 이미 미국에서 유명한 이름이었는데 금주법의 시행으로 위상이 절정에 달하게 되었다. 증류소가 디트로이트시 강 건너편인

온타리오주 윈저에 자리하고 있었던 점도 유리하게 작용했다. 현재는 (일본의 산토리 소유인) 짐 빔의 소유로 있으며, 짐 빔이 출시하는 상품을 통틀어 짐 빔 자체 상품 다음으로 많이 판매되고 있다.

　캐나디언 클럽과 나는 복잡한 감정으로 얽혀 있다. 20대 초반이었던 나는 캐나다 위스키와 콜라를 섞은 음료를 너무 많이 마셔서 그 풍미에 입맛이 잘못 길들여지는 바람에 아직도 캐나디언 클럽의 일반 등급 위스키를 제대로 음미하지 못한다. 하지만 캐나디언 클럽에서는 전 품목에 걸쳐 잘 숙성되어 뛰어난 풍미를 띠면서도 부담 없는 가격으로 즐길 수 있는 상품도 내놓고 있다. 한 예로 캐나디언 클럽 20년산은 보다 상위 등급에 해당하는 버번과 가격대가 비슷하면서도 (내 기준상) 그런 버번에 비해 훨씬 더 복합적인 풍미를 선보인다. 이 위스키는 바에 가서 캐나디언 클럽을 주문하면 보통 맛보게 되는 기본형인 6년산의 나이 지긋한 부모격 버전이다. 노즈는 호밀 위스키 특유의 특징이 두드러져 젊은 시절에 맛보았던 6년산 위스키를 연상시킨다. 하지만 여기에 그치지 않고 체리 같은 달콤한 과일 향이 갓 베어낸 봄철의 풀 냄새와 함께 다가오기도 한다. 미각적으로는 확 밀려오는 풍미가 인상적이다. 달콤한 셰리, 톡 쏘는 계피, 따스한 캐러멜, 얼얼한 후추의 풍미가 입안을 강타한다. 강한 풍미가 사그라들 무렵에는 바닐라의 달콤함이 전해지면서 통에서 우러난 스모키한 오크 풍미가 느껴질 듯 말 듯 은근하게 풍긴다.

　나는 이 위스키를 맛볼 때는 잔에 따른 후 5분이나 10분 정도 그대로 놔둔다. 그러면 시간이 지남에 따라 극적으로 바뀌면서 훈연 풍미가 서서히 풀려 나온다.

　캐나디언 클럽 20년산은 호평이 자자한 위스키며 동일 숙성기간대의 그 어떤 스카치위스키보다 가격이 훨씬 저렴하면서도 그에 못지않은 복합적인 풍미를 선사하는 캐나디언 클럽의 수많은 상품 가운데 하나다.

깁슨스

깁슨스 파이니스트 캐나디언 위스키의 유래를 거슬러 올라가면 미국 펜실베이니아주에 뿌리를 두고 있다. 그 옛날 스코틀랜드 토박이인 존 깁슨이 펜실베이니아주에서 호밀 스타일의 위스키를 생산하다가 금주법 시행으로 문을 닫게 되었고, 이 브랜드를 훗날 캐나다 기업이 인수하게 되면서 생산이 중단된 지 50년 만에 깁

슨의 이름을 내건 호밀 위스키가 다시 한 번 시장에 등장했다.

현재 깁슨스는 온타리오주 윈저 소재의 하이람 워커 디스틸러리에서 생산되고 있으며, 브랜드 소유권은 스코틀랜드의 그랜트앤선즈 사에 있다. 나는 깁슨스의 상품들이 대체로 홀쭉이며 마시는 위스키로는 잘 맞지 않다고 생각하지만 깁슨스 파이니스트 레어 18년산은 개성 있는 풍미 프로필을 띠고 있다. 후각적으로는 건포도 등의 말린 과일 향이 진하면서 파란색 잉크 냄새와 비슷한 향도 풍겨온다. 미각적인 측면에서는 부드러운 인상을 준다. 기분 좋을 정도로 미끈거리는 마우스필이 특징을 이루면서 오크통에서 우러난 바닐라 풍미와 알싸함이 풍성하다. 여운은 과도할 정도로 길지 않으면서 미묘하고 부드럽다.

로트 넘버 40

캐나다의 대다수 호밀 위스키와 달리 로트 넘버 40은 100% 호밀 위스키다. 조슈아 부스가 이 호밀 위스키 주조법의 원조로 인정받고 있다. 일설에 따르면 1800년

대 조슈아 부스는 일명 40지구의 한 터를 소유하고 있으면서 이곳에서 호밀 풍미 진한 주조법을 개발했다고 한다. 이 주조법이 여러 세대에 걸쳐 전수되다가 마이크 부스 자신에게 기회가 오자 주조법에 새로운 변화를 주면서 하이람 워커 원저에서 주정을 증류했다고 한다. 호밀을 주원료로 하고, 싹틔운 호밀을 10% 섞어 구리 단식증류기에서 증류하는 방식이다.

로트 넘버 40은 지금까지 몇 차례밖에 출시되지 않았고, 가장 최근에 출시된 상품도 2012년판이다. 노즈는 전통적인 호밀 위스키의 특징이 두드러지며 라임과 건포도 향과 더불어 오렌지 향까지 살짝 감돈다. 입안에서는 또렷이 드러나는 호밀의 풍미가 과일, 바닐라, 오렌지의 풍미와 함께 전해지고 마치 코냑처럼 달콤한 여운이 부드럽고 길게 이어진다.

와이저스

애주가들은 캐나다 위스키 이야기가 나오면 캐나다 위스키가 미국에서 성공을 거

둔 이유가 금주법 덕분이라고 흔히 말한다. 사실 1800년대와 남북전쟁 기간 동안 법적으로 규제를 받지 않는 밀주 거래로 미국에서 속 쓰리도록 지독한 위스키를 생산했던 것이 캐나다 위스키 업계의 성공에 어느 정도 이바지한 측면도 없지 않다. 와이저스의 경우 미국 남북전쟁 발발 1년 뒤 문을 연 이후 1900년대에 급성장해 캐나다 최고의 위스키 브랜드로 발돋움했다.

현재 와이저스는 캐나디언 클럽을 비롯한 상당수 캐나다 위스키 브랜드들과 크게 다르지 않은 생산방식에 따라 온타리오주 윈저 소재의 증류소 하이람워커앤선즈에서 증류되고 있다. 또한 자신의 뿌리로 회귀해 와이저스가 캐나다와 미국에서 쌓아온, 오랜 역사에 걸쳐 성공을 거두었던 원조 위스키에서 착안한 주조법을 활용 중이다.

와이저스 레거시는 싱글 몰트 스카치위스키 애호가들의 기호에도 잘 맞을 법한 캐나다 위스키지만 향이 스카치위스키에서 기대할 만한 그런 스타일은 아니다. 묵직하도록 달달한 노즈는 호밀 위스키보다는 버번을 맛보는 듯한 인상을 준다. 또 체리와 바닐라의 달콤함이 지나가고 나서야 호밀 특유의 알싸함이 더욱 선명하게 피어나면서 순간적으로 장미 꽃잎이 떠오른다. 이 위스키를 프로 복싱선수로 친다면 미각적 특징은 프로급 실력으로 훅훅 치고 들어오며 일격을 날리는 맛이라고 표현할 만하다. 묵직하도록 달콤한 이 위스키는 첫맛에서는 대단히 매력적인 레드 와인을 머금은 듯한 인상을 준다. 이런 풍미가 입안을 압도해버린다면 너무 달달 했을 테지만 동시에 오렌지의 산뜻한 풍미가 혀를 진정시키면서 코에서 느낄 수 있는 호밀의 알싸함을 전해준다. 그 뒤에는 진한 오크 풍미가 바통을 이어받으면서 달콤쌉쌀하면서 쓰지 않은 끝맛이 서서히 느껴진다. 몇분이 지나도록 그 달콤쌉쌀함과 호밀의 알싸함이 입안에 머문다. 한마디로 경험해볼 만한 매력적인 위스키며 가격도 50달러가 채 안 된다.

와이저스 18년산 캐나디언 위스키는 싱글 몰트 스카치위스키 애호가들도 홀릴 만하다. 노즈가 매력적이도록 풍부해 토피, 태운 오렌지 껍질, 톡 쏘는 호밀 향 등 여러 가지 진한 향기가 느껴진다. 미각적으로는 캐러멜화 설탕, 오크의 알싸함, 시트러스 풍미가 입안을 강타하면서 끝맛으로 이어지고 알싸함과 함께 시트러스 풍미가 여운으로 남는다.

와이저스 18년산 캐나디언 위스키는 싱글 몰트 스카치위스키 애호가들도 홀릴 만하다.

CHAPTER 6

일부 스코틀랜드인들이 이 말을 들으면 따지려 들지도 모르겠지만 위스키의 고향은 아일랜드다(다만 아일랜드에서는 whiskey로 씀). 부시밀즈가 세계에서 가장 오래된 인가 증류소라는 점에는 사실상 반박의 여지가 없으며, 위스키 자체도 '생명의 물'이라는 의미를 가진 게일어(켈트어에 속하는 고대 아일랜드의 언어-옮긴이)다. 전해오는 바에 따르면 아일랜드의 수도사들이 지중해 연안에서 아일랜드로 증류기술을 전해주었다고 한다. 이 증류기술은 처음엔 향수 제조에 활용되었지만 이후 술을 만드는 분야에까지 확산되었다.

1200년대에 일찌감치 위스키를 탄생시킨 이 나라는 1900년대 내내 거의 파멸적 수준의 타격을 받았다. 그 시절 아일랜드는 미국의 금주법 시행으로 수출에 직격탄을 맞은 데다 영국과의 무역전쟁으로 영연방 사업에 치명타를 입으면서 아일랜드 전역에 걸쳐 운영되던 증류소가 단 두 곳으로 현저하게 줄어들었다. 현재에도 (100곳이 넘는 스코틀랜드와 비교해서) 일곱 곳에 불과하며, 제대로 숙성된 위스키를 출시할 만큼 오래 운영해온 곳은 네 군데뿐이다. 현재 운영 중인 증류소들 가운데 1975년 이전부터 운영되고 있는 곳은 단 한 곳 부시밀즈뿐이다.

아일랜드와 스코틀랜드 위스키는 차이점보다 공통점이 더 많다. 흔히 아일랜드 위스키는 3차까지 증류하는 반면 스코틀랜드 위스키는 2차까지 증류하는 것으로 알려져 있다. 물론 제임슨을 비롯한 여러 아일랜드 위스키 브랜드들이 3차 증류를 사용하지만 스코틀랜드와 마찬가지로 횟수는 증류소의 선택에 달린 문제다. 스코틀랜드에도 3차 증류를 시행하는 위스키 제조자들이 있으며, 아일랜드에도 2차까지만 증류하는 제조자들이 있다. 한편 아일랜드 역시 피트가 산출되는 지역임에도 아일랜드 위스키는 피트 처리를 하지 않은 보리를 사용한다고 알려져 있지만, 사실 피트 처리를 거치는 아일랜드 위스키도 있다.

정말로 차이점이라고 할 만한 점은 따로 있다. 아일랜드 위스키는 몰트 처리를 하지 않은 보리를 쓰며, 이런 위스키는 '퓨어 팟 스틸' 위스키라는 표기가 붙어 출시된다는 점이다. 아일랜드 위스키가 모두 몰트 처리되지 않은 보리를 사용하는 것은 아니지만 스코틀랜드 위스키는 예외 없이 몰트 처리를 거치므로 적어도 이 부분에서 만큼은 차이가 있는 셈이다.

역사적으로 거슬러 올라가면 몰트 처리되지 않은 보리의 사용은 영국의 세금부

아일랜드와 스코틀랜드 위스키를 비교해보자면 차이점보다는 공통점이 더 많다.

과를 우회하기 위한 수단이었다. 과거(1697~1880년) 영국은 유일하게 몰트 처리된 곡물에 주세를 부과했다. 아일랜드는 세금을 면하기 위해 몰트 처리된 보리 반 몰트 처리되지 않은 보리 반을 단식증류기에 증류시키는 방식으로 위스키를 생산하기 시작했다. 레드브레스트와 그린 스폿은 반드시 반반씩의 비율을 따르지는 않지만 여전히 이 전통을 고수하고 있다. 아일랜드 위스키도 통에서 최소한 3년의 숙성을 거쳐야 하며 곡물을 증류의 원료로 써야 한다. 아일랜드의 싱글 몰트위스키는 몰트 처리된 보리를 원료로 해 한 증류소에서 단식증류기로 증류된다. 또 아일랜드의 곡물 위스키에는 옥수수와 밀 곡물이 주로 쓰인다.

애석하게도 북미에서는 아일랜드 위스키라고 하면 으레 성 패트릭의 날(아일랜드 최대의 축제로, 아일랜드의 수호성인이자 아일랜드에 처음으로 기독교를 전파한 성 패트릭을 기리는 날-옮긴이) 축제나 그린 비어(맥주에 색소를 첨가해 녹색을 띠는 맥주-옮긴이), 아이리시 카 밤 칵테일을 연상하게 된다. 아일랜드의 위스키 산업은 급속도로 성장하고 있지만 지난 몇십 년 사이에 증류소와 브랜드들 사이에 합병 바람이 일어났다. 앞으로 몇 년 사이에 대량생산되면서도 희귀한 이곳 위스키의 구매 가능성이 점차 향상될 것으로 전망되며 이 차세대 위스키를 시음하게 될 순간이 기대된다.

부시밀즈 디스틸러리

• 설립년도: 1608년

말 그대로 역사가 오래된 곳이다. 1608년 제임스 1세로부터 인가를 받은 이후 수차례 주인이 바뀌었다. 1800년대 말에는 화재로 소실된 적도 있다. 금주법 시행기간 동안에도 술을 계속 생산했으며, 심지어 금주법이 언젠가 폐지되길 기대하며 미국시장에 크게 의존했다. 결과적으로 보면 1900년대에도 위스키 생산을 중단하지 않았던 것은 옳은 결정이었다. 부시밀즈는 2005년 디아지오가 인수했고, 이후 디아지오의 광대한 배급망을 이용해 생산과 광고활동을 확장해왔다.

앞에서 이야기했지만 아일랜드 위스키의 특징은 1800년대 영국의 몰트세에서 기인한다. 당시 증류소들이 세금을 피하기 위해 몰트 처리된 곡물과 몰트 처리되지 않은 곡물을 반반씩 섞는 주조법을 사용해 팟 스틸 위스키로 전환했을 때도 부시밀즈는 자부심을 지키며 주조법을 바꾸기는커녕 싱글 몰트위스키에 부과되는 세금을 착실히 납부했다.

부시밀즈 10년산은 그야말로 탁월하다. 갓 깎은 오렌지와 은은한 레몬 향, 곡물과 바닐라 향이 살짝 감돌며 풍성한 노즈를 선사한다. 입안에서는 달콤짭짤한 맛과 바닐라가 느껴지다가 오크 풍미를 거쳐 은은하고 부드러운 끝맛으로 이어진다.

쿨리 디스틸러리

• 설립년도: 1987년

• 브랜드: 코네마라Connemara, 그리노어Greenore, 킬베건Kilbeggan, 더 티어코넬The Tyrconnell, 로케스Locke's

1980년대 경제적인 요인으로 위스키 산업이 내리막길을 걸으면서 스코틀랜드의 수많은 증류소가 폐업하거나 위기에 내몰렸다. 아일랜드 역시 생산자가 불과 몇 군데밖에 남지 않게 되었다. 하지만 존 틸링은 1987년 큰 뜻을 품고 옛 보드카 공장을 위스키 증류소로 변경했다. 아일랜드의 전통 위스키 주조법을 부활시켜보자

는 계획하에 50년간 폐업 상태던 킬베건 디스틸러리도 인수했다.

킬베건 디스틸러리는 다른 브랜드들과 더불어 쿨리의 계열사로서 증류 공정을 재개했다. 킬베건의 원래 증류소는 2008년 시설을 정비해 재가동에 들어갔지만 이 시설에서 만들어진 주정 대다수는 아직 출시되지 않고 있다. 현재 두 증류소에 서는 다양한 브랜드로 여러 스타일의 전통 아일랜드 위스키가 출시되고 있다.

로케스 8년산 싱글 몰트는 보리의 플로어 몰팅(발아된 보리를 바닥에 깔아놓고 훈증 으로 건조시키는 방법-옮긴이)을 연상시키는 위스키다. 경이로울 정도로 복합적인 보 리 특유의 달콤함과 함께 곡물 향, 살며시 감도는 과일 향이 특징이다. 입안에서는 곡물의 달콤함과 함께 바닐라 향미, 길고 은은한 끝맛이 느껴진다. 한마디로 숙성 보리에 집중한 풍미 표현이 일품이다.

밀 베이스의 싱글 그레인 위스키인 그리노어 8년산도 로케스 못지않게 강렬하 지만 풍미 프로필은 전혀 다르다. 톡 쏘는 레몬 향이 진하게 풍기면서 태운 설탕과 클레멘타인 오렌지 향도 살짝 감돈다. 미각적으로는 클레멘타인 오렌지 특유의 맛 이 느껴지다가 곡물과 다크초콜릿 풍미가 끝맛으로 남는다.

코네마라 피티드 캐스크 스트렝스 위스키는 희귀품에 속하는 아일랜드산 싱글 몰트 피티드 위스키다. 코네마라는 생산방식이 스코틀랜드 스타일에 보다 가깝지만 풍미는 아일랜드 고유의 특성을 띤다. 노즈는 갓 베어낸 풀이 연상되며 피트 향이 압도적이지 않고 은은하게 퍼진다. 입안에서는 말린 과일, 곡물, 바닐라의 풍미로 비교적 전통적인 스타일을 띠며 피트 풍미가 가볍게 이어진다. 피트 풍미 강한 위스키에 익숙하지 않은 입문자에게 추천하기 좋은 위스키다.

뉴 미들턴 디스틸러리

- 설립년도: 1780년
- 브랜드: 그린 스폿^{Green Spot}, 제임슨^{Jameson}, 미들턴 베리 레어^{Midleton Very Rare}, 레드브레스트^{Redbreast}, 탈라모어 듀^{Tullamore Dew}, 라이터스 티어스^{Writers Tears}

제임슨

아일랜드 위스키 가운데 세계에서 가장 유명하고 가장 많이 팔리는 위스키다. 옛 시설이 아직도 건재하지만 현재는 주로 관광객 유치에 활용되고 있다. 새로운 시

설에서는 연간 100만 갤런(약 379만 리터)의 위스키가 생산 가능하다.

다른 증류소들과 마찬가지로 1800년대 과세를 회피하기 위해 몰트 처리된 보리와 몰트 처리되지 않은 보리를 섞어 위스키를 제조하기 시작했으며 지금도 여전히 이런 배합을 고수하고 있다.

트레이드마크인 녹색 병으로 유명하며, 부드럽고 복합적이지 않아서 마시기에 부담 없는 위스키다. 세계 여러 지역에서 구하기 쉬운 편이며, 병에 숙성년수가 표기되지 않지만 모든 위스키에 예외 없이 적용되는 법 규정상 최소 3년간은 숙성된 것으로 보면 된다. 풍미는 알싸함과 쌉쌀함을 띠면서 진한 편이다.

제임슨 브랜드에서는 저렴하면서도 널리 유통되고 있는 위스키뿐만 아니라 상급 품질의 뛰어난 위스키들도 몇 가지 내놓고 있다. 그중에서 내가 특히 좋아하는 위스키는 제임슨 18년산 리미티드 리저브다. 이 위스키는 시트러스 향과 달콤한 곡물의 향이 멋진 밸런스를 이루고 있다. 입안에서는 기분 좋은 마우스필이 느껴지고 소금을 가미한 캐러멜을 부드럽게 녹여놓은 듯한 풍미와 향신료의 알싸함이 전해진다. 복합적인 위스키는 아니지만 매혹적일 만큼 부드러워 밤에 차분하게 생각에 잠기고 싶을 때 제격이다. 끝맛으로 가면서 달달함은 사라지지만 알싸함은 더 오래 여운으로 남는다.

레드브레스트

현재 출시 중인 몇 종 안 되는 싱글 팟 스틸 위스키 중 하나이며, 몰트 처리된 보리와 그렇지 않은 보리를 섞어서 생산하기 때문에 엄밀히 말해 싱글 몰트위스키는 아니다. 제임슨과 마찬가지로 뉴 미들턴 디스틸러리에서 생산되지만 멋들어지게 밸런스 잡힌 위스키라는 점에서 특히 주목해볼 만하다.

레드브레스트 12년산은 동일 브랜드 상품 중에서 가장 구하기 쉽다. 몰트 처리된 보리와 몰트 처리되지 않은 보리를 함께 써서 구리 단식증류기를 통해 증류되는 이 위스키는 밸런스가 잘 잡혀 있고 복합적인 특징을 띤다. 첫맛이나 끝맛에서 강렬하게 다가오는 특별한 풍미는 없지만 기분 좋고 부담 없는 느낌으로 여러 겹의 풍미를 선사한다. 노즈는 토피와 후추 같은 알싸함이 가볍게 감도는데, 사람에 따라 너무 가볍게 느껴질 수도 있다. 미각적으로는 베이컨의 기름진 풍미와 더불

어 은은한 단맛이 느껴지면서 감초와 곡물의 뉘앙스도 띠고 있다. 달콤함은 끝맛까지 이어지지만 살짝 쌉쌀한 캐러멜화 설탕의 인상을 준다.

한마디로 환상적이다. 종종 15년산도 내놓고 있으며 현재 출시되는 아일랜드 위스키 가운데 숙성년수가 가장 오래된 상품으로 25년산을 출시한 바도 있다.

라이터스 티어스

아일랜드의 위대한 작가들을 기리며 붙여진 명칭이다. 다니다 보면 수많은 위스키 진열장에서 이 위스키를 자주 보게 되는데 그럴 때마다 기분 좋은 놀라움을 느낀다. 라이터스 티어스는 단식증류기에서 증류된 싱글 몰트위스키로, 노즈는 산뜻한 풍미와 곡물의 뉘앙스로 생동감을 전해준다. 미각적으로는 첫 느낌이 은은한 편으로, 자신을 과시하지 않는 겸손한 인상을 준다. 부드러운 꿀과 기분 좋은 보리의 풍미가 주를 이루는 가운데 처음부터 끝까지 은은한 바닐라 풍미가 이어진다. 약간 쌉쌀한 여운은 느껴질 듯 말 듯 기분 좋게 다가온다. 생동감 있는 첫 느낌과 은근하지만 흥미로운 특징을 선사하면서 이름값을 톡톡히 해내는 위스키다.

생동감 있는 첫 느낌과 은근하지만 흥미로운 특징을 선사하면서 이름값을 톡톡히 해낸다.

CHAPTER 7　일본의 위스키

일본은 세계 3위의 위스키 생산국이다. 아일랜드보다는 순위가 앞서지만 상위주자인 스코틀랜드나 미국에 비해서는 큰 차이가 있다. 일본 위스키는 스코틀랜드 위스키와 스타일이 비슷해서 숙성 시 버번이나 셰리가 담겼던 통을 재사용하는 경우가 많고, 주로 스코틀랜드에서 수입한 보리를 원료로 사용해 증류한다. 스카치 위스키와 마찬가지로 싱글 몰트위스키는 고급품에 드는 반면 블렌디드 위스키는 일본 위스키 판매량의 상당 부분을 차지하고 있다.

스코틀랜드 위스키와의 관계는 단순한 우연의 일치가 아니다. 일본의 2대 위스키 증류소는 서로 역사가 밀접하게 얽혀 있으며 두 증류소 모두 스코틀랜드와 부분적이지만 영향력 높은 과거로 이어져 있다. 산토리 야마자키 디스틸러리는 1923년에 세워진 일본 최초의 증류소다. 도리이 신지로가 스코틀랜드 위스키에 감응을 받고 다른 성공적 사업의 성과를 토대로 세운 증류소였다.

도리이는 타케츠루 마사타카를 마스터 블렌더로 고용했다. 타케츠루 마사타카는 사케 사업에 뿌리를 두고 있던 가문 출신으로 일본 위스키 업계에 확고한 영향을 미친 공로를 인정받아 종종 일본 위스키의 조부로 일컬어진다. 타케츠루는 스코틀랜드에서 유학하며 유기화학을 공부하던 중 스코틀랜드 위스키 제조기술을 습득하게 되었다. 스코틀랜드 여성 제시카 로버타와 사랑에 빠지기도 해서 일본 귀국길에 함께 돌아와 결혼식을 올렸다. 도리이는 새로 지은 야마자키 디스틸러리에 타케츠루를 고용했고, 이곳에서 생산된 위스키에서는 스코틀랜드의 영향이 확연히 두드러졌다.

타케츠루는 그로부터 10년 후 이 증류소를 나와 자신의 증류소인 닛카 위스키 디스틸러리를 세웠다. 훗날 이 닛카 디스틸러리가 야마자키 디스틸러리와 더불어 일본의 2대 증류소로 성장하게 된다.

앞에서도 이야기했지만 일본에서 생산되는 위스키 대다수는 스코틀랜드 위스키와 닮아 있다. 심지어 일본에 수입되는 보리 중에는 피트 처리가 되어 들어오는 경우도 있다. 하지만 일본은 기후가 대체로 온난한 편이라 스코틀랜드보다는 켄터키주의 기후와 유사하다. 대체적으로 말하자면 일본의 위스키는 더 온난한 기후로 인해 스코틀랜드 위스키보다 숙성속도가 빠르다.

현재 산토리는 일본 위스키 외에 여러 주류를 생산하면서 위스키 업계의 쟁쟁한

일본은 세계 3위의 위스키 생산국이다.

주자로 올라서 있다. 빔 사를 시장가치 대비 25% 이상의 웃돈을 주고 미화 136억 달러에 인수하기도 했다. 이 과정을 통해 산토리는 버번계에서의 인지도를 상위권으로 끌어올렸는가 하면 스코틀랜드의 증류소 라프로익, 아드모어, 티처스는 물론 아일랜드의 위스키 증류소 그리노어, 킬베건, 티어코넬의 소유권을 손에 넣기도 했다. 현재 산토리의 소유로 들어간 브랜드를 따지자면 여기에 소개한 브랜드는 일부에 불과하다.

닛카는 현재 일본에서 막강한 시장점유율을 차지하고 있는 아사히 맥주의 소유다. 요이치에 세워진 닛카 최초의 증류소는 위치가 스코틀랜드의 기후와 비교적 유사한 편이라 닛카에서 생산되는 위스키 스타일에 보다 유리한 조건으로 작용한다. 닛카는 전부터 소유하고 있던 미야기쿄 디스틸러리 외에도 스코틀랜드의 벤 네비스 디스틸러리도 거느리고 있으면서 이곳을 통해 벤 네비스 싱글 몰트 스카치위스키를 출시하고 있다. 닛카에서는 브랜디, 쇼추(알코올함량 25%로 증류되는 일본의 달콤한 술), 사과주, 와인도 내놓고 있다.

일본의 증류소들은 스코틀랜드에서 많은 것을 차용해왔지만 일본 고유의 중대한 혁신을 이루기도 했다. 그중 한 가지를 꼽자면 원하는 위스키의 스타일에 따라 증류기의 형태를 변경한 것이다. 스코틀랜드에서는 증류소별로 증류기의 모양이 고정되어 있다. 예를 들어 증류기의 목이 길수록 위스키가 더 부드러워지는 반면 목이 짧을수록 무거운 분자들이 증류된 주정에 기화되어 섞여들어가게 하는 식이다. 이에 비해 일본의 일부 증류소들은 증류기의 형태를 변경하면서 보다 다양한 위스키를 생산할 수 있게 되었다. 뿐만 아니라 발효 과정에서 여러 가지 효모를 사용해보는가 하면 (미즈나라라 불리는) 일본산 오크로 만든 통에 위스키를 숙성시키는 실험도 진행하고 있다.

일본의 일부 증류소들은 증류기 형태를 변경하면서 보다 다양한 위스키를 생산하고 있다.

닛카 디스틸러리

• 설립년도: 1934년
• 브랜드: 닛카Nikka, 요이치Yoichi

닛카는 일본 전역에 여러 개의 증류소를 거느리고 있으면서 싱글 몰트위스키와 블렌디드 몰트위스키 모두를 생산하고 있다. 그중 블렌디드 몰트위스키는 타케츠루 퓨어 몰트라는 이름으로 출시된다. 퓨어 몰트란 한 곳 이상의 증류소에서 증류된 원액으로 만들어진 블렌디드 위스키지만 100% 맥아를 원료로 쓰고 있다는 의미다. 이 위스키는 블렌디드 몰트위스키에 속하지만 최종 위스키 주조에 쓰이는 원액을 생산해내는 두 증류소(요이치 디스틸러리와 미야기쿄 디스틸러리) 모두 닛카의 소유로서 싱글 몰트위스키를 출시하고 있다.

타케츠루는 닛카의 설립자인 타케츠루 마사타카의 이름에서 따온 명칭이다. 주로 12년산 위스키를 출시하고 있지만 17년산과 21년산도 내놓고 있다. 닛카 타케츠루 12년산은 매혹적인 노즈가 인상적이며 꿀, 바닐라, 갓 베어낸 풀, 생동감 넘치는 알싸함이 감돈다. 입안에서는 벌꿀, 바닐라, 알싸함의 풍미와 더불어 마멀레이드를 연상시키는 달달함이 전해진다. 끝맛에서는 말로 표현하기 힘든 기분 좋은 흙내음이 알싸한 풍미, 은은한 단맛과 함께 어우러진다.

닛카 싱글 몰트 요이치 10년산은 후각을 사로잡을 만큼 매력적인 바닐라 향과 더불어 불에 태운 설탕의 뉘앙스, 멋진 시트러스 계열의 향이 인상적이다. 미각적

비교적 오래 숙성된 닛카의 위스키들은 보다 미묘하고 밸런스가 잘 잡혀 있는 편이다.

으로는 톡 쏘는 알싸함과 함께 몰트 풍미가 돋보인다. 비교적 오래 숙성된 닛카의 위스키들은 보다 미묘하고 밸런스가 잘 잡혀 있는 편이다. 그런 측면에서 볼 때 이 위스키는 미묘함보다는 생동감이 더욱 살아 있다. 오크 특유의 알싸한 풍미는 처음엔 가볍게 다가오다가 끝맛으로 이어지면서 점차 강도가 세지는 반면 바닐라를 연상시키는 달달한 풍미는 처음엔 강렬하다가 끝맛으로 이어지면서 점차 사그라지며 기분 좋을 정도의 기름진 느낌을 남긴다. 홀짝이는 정도에 따라 풍미의 강도가 더욱 끌어올려져 알싸함이나 달콤함이 더욱 진하게 다가오기도 한다. 한마디로 풍미 표현이 뛰어난 싱글 몰트위스키다.

야마자키 디스틸러리

- 설립년도: 1923년
- 브랜드: 산토리Suntory, 야마자키Yamazaki

야마자키 디스틸러리의 싱글 몰트위스키는 산토리의 대표적인 상품이다. 야마자키 디스틸러리는 진정한 의미에서 일본 최초의 위스키 증류소이며, 도리이 신지로가 재정적 위험을 감수하고 사케에서의 업종 변경에 대한 비난까지 무릅쓰며 처음으로 세운 곳이다. 이 증류소에서 만들어진 일본 최초의 위스키는 일본인의 취향에 맞지 않게 피트 처리가 너무 과도했고, 결국 일본 소비자들의 입맛에 더 잘 맞도록 피트 처리의 강도가 낮춰졌다. 증류소가 위치한 지역은 스코틀랜드보다 기후가 온난해서 스코틀랜드 스타일의 위스키를 생산함에도 불구하고 서늘하고 혹독한 스코틀랜드 기후에서보다 숙성이 더 빠르게 일어난다.

야마자키 12년산은 매혹적이도록 미묘한 꽃 계열 풍미의 위스키다. 위스키 원액의 일부가 일본산 오크통에서 숙성되어 보다 생동감이 살아 있는 바닐라 향과 진홍색 사과를 연상시키는 향을 선사한다. 꿀과 바닐라 풍미가 진하며, 끝맛에서는 마멀레이드와 레몬의 산뜻한 풍미가 느껴진다. 음미하는 내내 나무를 연상시키는 향이 이어지고 알싸함의 정도는 중간쯤이다. 이런 풍미와 향이 기분 좋은 밸런스를 이루고 있기도 하다.

산토리 히비키 21년산은 가격대가 높은 편이지만 여유가 된다면 그 돈이 아깝

지 않을 만한 위스키다. 싱글 몰트 스카치위스키를 연상시키는 모든 풍미가 담겨 있으면서도 풍미들의 격이 한층 끌어올려져 있다. 어떤 면에서 보면 히비키 21년 산을 음미하는 것은 평상시 듣던 것보다 훨씬 성능 좋은 사운드 시스템으로 좋아 하는 앨범을 듣는 것과도 같다. 이 일본산 위스키는 품격 높은 여러 풍미가 흠잡을 데 없이 잘 어우러져 있는 데다 밸런스에 식상함도 없다. 밸런스 이야기를 덧붙인 이유는 그 부분을 느끼기가 매우 힘들기 때문이다. 그럼에도 불구하고 이 위스키 를 매장에서 발견하게 된다면 구입할 만한 가치가 충분하다.

CHAPTER 8

스카치위스키

스코틀랜드 위스키의 핵심은 보리다. 모든 싱글 몰트 스카치위스키와 블렌디드 몰트 스카치위스키는 100% 보리로 만들어진다. 보리는 주정(맥주)으로 증류된 최초의 곡물이었을 가능성이 높으며, 여러 문명의 주요 식량원이었다. 보리는 한때 화폐로 사용되기도 했다.

싱글 몰트 스카치위스키는 높은 등급의 상품에 들지만 블렌디드 몰트 스카치위스키와 혼동하기 쉬운 블렌디드 스카치위스키는 다른 종의 곡물도 들어가며, 스카치위스키 총 판매량의 90%가량을 차지한다. 블렌디드 몰트 스카치위스키와 블렌디드 스카치위스키 사이에는 중대한 차이가 있다. 블렌디드 몰트 스카치위스키가 두 가지 이상의 싱글 몰트 스카치위스키를 혼합한 것이라면 블렌디드 스카치위스키는 보리와 다른 곡물이 혼합된 것이다.

싱글 몰트 스카치위스키 애주가들은 대체로 두드러지는 풍미보다 복합미를 선호한다. 대다수 버번은 첫맛에서 풍미가 강하게 나타나지만 싱글 몰트 스카치위스키는 중간과 끝맛까지 길게 이어지는 편이다. 이는 주로 사용하는 곡물에서 기인되는 차이다. 보리의 경우 비교적 미묘한 풍미를 부여하는데 재사용 통과 만나면 그런 경향이 더욱 두드러진다. 반면 옥수수를 증류하는 버번은 새 오크통에서 숙성되면서 묵직함을 더 띠게 된다. 여러 면에서 볼 때 스카치위스키의 적은 달콤함이다. 너무 달달한 위스키는 보리의 복합성을 떨어뜨리고 미묘한 중간맛과 끝맛을 압도해버리기 때문이다.

스코틀랜드 최초의 상업적 증류소들은 1800년대 초 증류가 합법화되면서 문을 열었지만 곡물의 증류는 그 이전부터 비밀리에 (대부분 불법적으로) 행해졌다. 1800년대 말부터는 상업적 증류소들이 우후죽순으로 등장하기 시작했고, 불법 증류소들이 문을 닫으면서 경제적 유인도 컸다. 스코틀랜드 최대의 디스틸러리인 윌리엄 그랜트앤선즈는 스코틀랜드의 그랜트 가문 소유지만 그 외 대다수 증류소는 외국 기업이 소유하고 있다. 100여 개에 이르는 스코틀랜드의 증류소 가운데 대다수가 프랑스의 모엣 헤네시 루이비통, 페르노리카, 영국의 디아지오 소유다.

스카치위스키가 재사용 통에서 숙성되는 주된 이유는 전통 때문이다. 불법 증류가 이뤄지던 초창기까지만 해도 위스키는 무엇이든 가장 저렴하게 구할 수 있는 곡물로 만들어진 무색의 비숙성 저질 술이었다. 그러다 통이 생선, 와인을 비롯한

싱글 몰트 스카치위스키 애주가들은 대체로 두드러지는 풍미보다 복합미를 선호한다.

여러 상품들을 담아 운반하며 당국의 적발을 피하는 흔한 방법이던 시대에 들어서면서부터 증류소들이 위스키를 재사용 통에 담아 운송하기 시작했다. 그러는 사이 이전에 다른 술이 담겼던 재사용 통이 위스키에 더 좋은 풍미를 띠게 해준다는 사실을 깨닫게 되었고, 그 직후부터 통 숙성이 위스키 제조에 있어 핵심적인 부분을 차지하게 되었다.

스카치위스키가 생산되기 시작하던 초반에는 풍미를 가미하기 위해 이전에 셰리가 담겼던 유럽산 오크통을 선호했다. 당시엔 셰리가 굉장히 많이 생산되던 시기여서 이런 통들은 스페인에서 어렵지 않게 수입할 수 있었다. 셰리가 담겼던 통에서 숙성되는 위스키가 비교적 전통적인 스타일의 위스키로 여겨지는 이유가 이런 시대사에 기인한다. 이후 스카치위스키 생산량이 셰리 생산량을 앞서자 증류소들은 다른 재사용 통을 구하기 시작했다. 그렇게 해서 쓰기 시작한 게 미국산 통이었다. 미국의 위스키 제조자들은 대개 통을 한 번만 사용했기 때문에 물량 확보에 유리했다. 특히 금주법 시대에는 버번 통의 가격이 저렴했고 스코틀랜드 증류소들은 숙성용으로 사용하기 위해 이 통이 나오기가 무섭게 구매해갔다.

현재는 셰리 생산량이 감소함에 따라 셰리 통이 귀하다. 사실 최근에는 셰리 자체로 소비되는 경우도 드물다. 드라이한 올로로소(주정강화 와인인 셰리는 알코올함량에 따라 15%까지 강화한 피노와 18%까지 강화한 올로로소로 나뉜다. -옮긴이)로 팔리거나 브랜디로 증류되어 팔리는가 하면, 아예 식초로까지 만들어진다. 버번 통은 상대적으로 구하기 쉬운 편이라 현재 생산되는 위스키의 대다수는 버번이 담겼던 통에서 숙성되고 있다. 스카치위스키가 버번 통에서 숙성되었는지 셰리 통에서 숙성되었는지 구분하는 가장 쉬운 방법은 빛깔을 확인하는 것이다. 버번 통 숙성의 경우 옅은 황금빛을 띠는 반면 셰리 통 숙성의 경우 대체로 더 깊은 루비색을 띤다. 버번 통과 셰리 통이 스카치위스키를 숙성하는 데 주로 사용되긴 하지만 스카치위스키 숙성에 사용 가능한 통의 종류에 대해서는 아무런 제약이 없다.

스카치위스키는 통에서 최소 3년간 숙성되어야 하며, 그 통 자체로부터 어떤 풍미든 우러나야 한다. 사용 가능한 첨가물은 물과 캐러멜뿐이며, 캐러멜의 경우엔 논쟁의 대상이기도 하다. 캐러멜은 빛깔을 내기 위한 용도로만 사용되며 캐러멜 사용 지지자들은 자신들의 전체 상품에서 빛깔의 일관성을 지키기 위해 사용하고

현재는 셰리 생산량이 감소함에 따라 셰리 통이 귀해졌다.

있다는 입장이다. 반면 캐러멜 첨가를 반대하는 측에서는 소량이라도 캐러멜을 첨가하면 위스키에 인위적인 단맛이 가미된다고 반박한다. 알 만한 사람은 다 아는 싱글 몰트위스키 웹사이트 몰트 매니악에서는 물과 여러 가지 위스키에 E150(법적으로 허용된 캐러멜 색소)을 첨가해 맛을 비교해보는 블라인드 테이스팅을 진행했다. 여섯 명의 시음자들에게 이 샘플들 간의 차이점을 물어보았더니 어떤 샘플은 쌉쌀함이 두드러지고 어떤 샘플은 향이 더 그윽하다는 평이 나왔다. 또 전반적으로 싱글 몰트 스카치위스키 다수가 그 특징에서 약간의 변화가 나타났다.

나는 비교 시음을 해보진 않았지만 빛깔을 내기 위해 색소를 첨가할 경우 스카치위스키의 신비로움을 어느 정도 빼앗기게 된다고 생각한다. 따라서 색소를 첨가한 위스키는 의무적으로 라벨에 표기하는 것이 바람직한 해결책이라고 본다. 증류소들은 색소를 첨가해도 라벨에 표기하지 않지만 간혹 어떤 위스키 병에는 '색소 무첨가'라는 문구를 넣어 캐러멜이 첨가되지 않은 사실을 강조하기도 한다.

싱글 몰트 스카치위스키는 숙성되는 재사용 통의 측면에서 복잡한 내력을 띠게 된다. 새 오크통은 거의 비슷비슷하지만 재사용 오크통은 저마다의 내력을 갖는다. 나무통이 이전에 품었던 술 종류(버번, 셰리, 와인 등)는 위스키가 그 나무통에서 우려내게 될 풍미의 유형에 영향을 미친다. 이전에 담겼던 술의 종류뿐만 아니라 미국산 오크인지, 유럽산 오크인지에 따라서도 위스키에 미치는 영향이 달라진다. 미국산 오크의 경우 알싸하면서 비교적 가볍고 싱싱한 풍미를 부여하는 편이라면, 유럽산 오크는 말린 과일의 풍미를 부여하는 편이다. 이런 과일 풍미는 흔히 크리스마스 케이크를 연상시키는 풍미로 묘사되기도 한다.

위스키 산업 초반에는 대다수 증류소들이 스카치위스키를 블렌딩한 후 병입하는 블렌딩업자들에게 상품(위스키)을 대주었다. 현재에도 여전히 블렌딩업체에 판매하는 체계로 운영되는 증류소나 블렌딩업체를 거느린 기업이 소유한 증류소들이 있지만 싱글 몰트 스카치위스키 부문의 돈벌이가 쏠쏠해지면서 업계의 판도도 급속하게 변했다. 이제는 대다수 증류소들이 자체적인 싱글 몰트 스카치위스키를 출시하는 추세다.

스코틀랜드의 증류소 명칭은 게일어에 뿌리를 둔 까닭에 발음하기가 어렵다. 싱글 몰트 스카치위스키 좀 마신다 하는 나 역시 아직 발음에 애를 먹는다. 예를 들

유럽산 오크는 주로 말린 과일의 풍미를 부여하는 편이다.

어 Auchentoshan은 '들판의 귀퉁이'라는 뜻인데 발음이 오큰토션이다. 스코틀랜드인 앞에서 증류소의 이름을 틀리게 발음해 무안했던 적도 한두 번이 아니라서 발음을 할 때는 약간 주저하는 듯 발음하는 편이 현명하다는 결론에 이르렀다. 철자와 발음이 딴판인 경우도 많다. (토버모리의 이전 명칭인) Ledaig이 그런 경우로, '레이척'으로 발음된다. 제대로 맞힐지는 운의 문제다. 그러니 잘 모르겠다 싶을 때는 영어식으로 발음한 뒤 행운을 비는 수밖에.

 ## 숙성년수를 표기하지 않는 트렌드

원래부터 스카치위스키 산업은 숙성년수를 좀처럼 표기하지 않았다. 싱글 몰트 스카치위스키가 그 자체로 병입될 가능성이 낮았던 시대에는 블렌딩업체들이 블렌디드 위스키에 숙성년수를 집어넣는 경우가 드물었다. 그러다 싱글 몰트 스카치위스키가 점차 별도의 상품으로 자리 잡으면서 숙성년수 표기가 품질을 과시하는 한 방법이 되었다. 병에 표기된 숙성년수는 그 연수보다 어린 위스키 원액은 섞이지 않았지만 더 오래된 원액은 섞였을 수 있다는 의미다. 표기된 숙성년수가 오래될수록 가격도 올라가며, 이런 식의 높은 가격대는 이 산업 부문의 성장 뒤에 숨은 주역이자 품질에 대한 보증이 되었다.

충분히 숙성된 위스키를 생산하기 위해서는 소요기간상 미래에 대한 예측이 불가피하다. 싱글 몰트 스카치위스키의 인기 브랜드들은 대개 최소 숙성기간이 10년이다. 다시 말해 현재 증류 중인 위스키가 지금으로부터 최소 10년은 지나야 시중에 출시된다는 이야기다. 근래에는 위스키 산업이 호황을 맞으면서 일부 증류소들의 경우 충분히 숙성된 통들이 차츰 동이 나자 숙성년수를 표기하지 않는 트렌드에 적극 동참하고 있다. 이런 업체 가운데 가장 유명하다고 할 만한 맥캘란은 세계 대다수 지역에서 전 상품을 숙성년수 미표기 위스키로 유통시키고 있다. 다른 증류소들은 이런 일을 상대적으로 포착하기 어렵게 진행하면서 숙성년수 미표기 상품 구성에 서서히 변화를 주어 차츰 특상품도 포함시키고 있다.

숙성년수 표기가 생략되는 주된 이유는 수요에 맞추기 위한 상업적 의도 때문

충분히 숙성된 위스키를 생산하기 위해서는 소요기간상 미래에 대한 예측이 필요하다.

이지만 어찌 보면 숙성년수 표기를 지나치게 강조하는 측면도 없지 않다. 스코틀랜드는 대체로 위스키의 숙성통을 네 차례에서 다섯 차례까지 재사용한다. 앞에서도 이야기했다시피 전통적으로 모든 싱글 몰트위스키는 대개 버번이나 셰리가 담겼던 재사용 통에서 숙성된다. 어떤 통이 스코틀랜드 위스키 숙성에 처음 사용되면 그 통은 퍼스트 필 배럴이라고 한다. 두 번째 사용되면 세컨드 필 배럴이 된다. 가령 이전에 셰리가 담겼던 퍼스트 필 배럴은 세컨드 필 배럴이나 서드 필 배럴에 비해 최종 위스키에 더 풍부한 빛깔과 풍미를 더해주기 마련이다. 통의 사용 횟수가 늘어날수록 최종 위스키에 전해줄 만한 고유 성분은 점점 줄어든다. 하지만 대개는 통을 몇 차례씩 사용할 때마다 나무를 굽거나 그슬려준다(통의 안쪽을 불로 살짝 태운다). 이렇게 태워주면 나무에 바닐라, 알싸함, 타닌의 풍미가 생겨난다. 이 과정은 버번의 제조에도 사용되며, 통을 그슬리는 정도는 원하는 풍미의 강도에 따라 증류소별로 달라진다.

따라서 퍼스트 필 배럴에서 6년간 숙성된 스카치위스키와 포스 필 셰리 통에서 숙성된 같은 숙성년수의 스카치위스키는 풍미와 품질에서 차이가 크게 벌어진다. 스카치위스키의 숙성에 몇 회씩 재사용되는 통보다 퍼스트 필 배럴이 귀하기 때문에 퍼스트 필 배럴은 값도 더 비싸다. (맥캘란 디스틸러리나 애런 디스틸러리처럼) 증류소가 퍼스트 필 배럴과 세컨드 필 배럴의 사용에 주력하지 않을 경우 최종 위스키의 숙성에 사용된 통과 관련된 내용을 표기하지 않을 가능성이 높다.

이처럼 숙성년수 표기 자체는 품질을 제대로 가늠할 만한 척도가 되었던 적이 없다. 퍼스트 필 배럴과 서드 필 배럴 위스키를 비교 시음해보면 숙성년수가 동일한 경우에도 풍미가 확연히 다르다. 아드벡 같은 몇몇 소수 증류소들은 숙성년수 미표기 상품에 대해서는 소비자에게 더 유용한 정보를 알려주려는 노력을 벌여왔다. 병 뒷면에 최종 위스키에 사용된 숙성통의 비율을 도표로 표시해 넣어 구매자가 그 스카치위스키의 10%는 8년간 통 숙성을 거쳤고, 9%는 9년간 통 숙성을 거쳤다는 등의 내용을 확인할 수 있게 하는 식이다. 이런 재치 있는 라벨 표기는 의무사항이 아니지만 소비자 차원의 압박이 가해짐에 따라 다른 증류소들도 이런 류의 라벨 표기를 채택할 가능성이 있다.

너무 어린 위스키는 대체적으로 독해 마시기 거북한 게 사실이지만 위스키는 숙성되면서 구성성분이 변하며, 숙성이 가격대와 반드시 상응하는 것도 아니다. 브룩라디의 옥토모어는 어리지만 고가인 데다 극찬을 받고 있는 상품이다. 조니 워커 그린 라벨은 숙성년수 표기가 없는 데도 절대로 저렴하지 않다. 그런가 하면 퍼스트 필 셰리 통에서 오래 숙성될 경우 단맛이 강한 위스키로 생산되어 사람에 따라 그 풍미가 입맛에 거슬릴 수도 있다. 그러므로 오래 숙성되었다고 해서 반드시 더 뛰어난 위스키로 거듭나는 것은 아니다. 숙성년수 표기는 품질을 가늠하는 유익한 척도가 못 되며, 경우에 따라 실제로는 맛 좋은 위스키임에도 특정 연수밖에 숙성되지 않았다는 이유로 선뜻 지갑을 열지 못하게 소비자들의 발목을 잡는 방해물로 작용할 수 있다.

오랜 기간 숙성했다고 해서 반드시 더 뛰어난 위스키로 거듭나는 것은 아니다.

유감스럽게 들릴지 모르지만 때로는 가격이 최종 위스키에 들어간 원액의 가치와 품질을 가늠하는 최선의 척도일 때도 있다. 어찌 되었든 간에 가장 중요한 기준은 따로 있다. 즉 우러난 풍미의 성패를 가르는 것은 결국 소비자의 입맛이다.

독자적 병입업체들

독자적 병입업체들이 생산하는 위스키는 당신의 위스키 진열장을 이색적인 풍미로 채워 넣을 기회를 만들어준다. 그들이 내놓는 상품들은 스코틀랜드 이외 지역에서는 구하기가 쉽지 않은 만큼 아쉽게도 이 책에서는 상세히 다루지 못했다. 하지만 이런 상품에 대해 알아두면 위스키를 수집할 때 도움이 될 것이다.

독자적 병입업체들은 증류소에서 위스키를 통째로 구매해 저장고에서 숙성시킨다. 대부분의 경우 이런 통의 위스키는 다른 그레인 위스키들과 블렌딩되어 새로운 블렌디드 몰트위스키로 거듭나게 된다. 하지만 때때로 병입업체는 독특한 풍미를 내기 위해 단일 통이나 여러 개의 통을 특별히 선별하기도 한다. 선별된 단일 통이나 여러 개의 통이 같은 증류소에서 생산된 것이라면 병입된 위스키에는 병입업체 명칭 외에 해당 증류소 명칭도 함께 표기될 수 있다. 이런 표기의 한 예가 고든앤맥패일 하이랜드 파크 8년산이다. 이 위스키는 하이랜드 파크에서 통으로 사들인 다음 고든앤맥패일에서 숙성 후 병입해 출시한 것이다. 병에 하이랜드 파크

병입업체는 독특한 풍미를 내기 위해 단일 통이나 여러 개의 통을 특별히 선별하기도 한다.

라는 명칭이 표기되어 있지만 하이랜드 파크 로고는 등록된 상표라서 병입업체에서는 사용하지 못한다.

병입업체가 위스키 원액을 어느 증류소에서 구매했는지 구체적으로 명기할 수 없는 경우도 있다. 명기 불가 결정은 원액 통의 구매 당시에 내려진다. 이럴 경우엔 고든앤맥패일 스페이캐스트 12년산 블렌디드 위스키처럼 스페이사이드에 위치한 어느 이름 불명의 증류소에서 제조된 원액으로 블렌딩된 위스키라는 점이 확실하게 암시되기도 하지만 법적인 이유로 실제 증류소 명칭을 표기할 수는 없다.

독자적 병입업체들은 스카치위스키 업계에 활력을 불어넣고 있다. 대체로 증류소들은 자신들의 풍미 프로필과 잘 맞지 않는 원액들은 기꺼이 판매하지만 현재의 높은 위스키 수요로 인해 원액을 판매하는 증류소 수가 점차 줄어들고 있다.

 ## 전통적인 지역별 차이

스코틀랜드는 풍미에 따라 대개 다섯 개 지역으로 나뉜다.

스코틀랜드는 풍미의 차이에 따라 대개 다섯 개(때로는 여섯 개) 지역으로 나뉜다. 이 지역들은 오랜 세월에 걸쳐 특정 스타일에 대한 선호와 지역적 영향에 따라 발전되어왔다. 유나이티드디스틸러스앤빈트너스는 스코틀랜드의 독특한 풍미 프로필을 마케팅하는 한 방법으로 이 지역들을 대중에게 널리 알리는 데 큰 몫을 했다. 유나이티드디스틸러스앤빈트너스는 현재 디아지오의 소유이며, 여러 지역에 위치한 여섯 곳의 증류소와 제휴를 맺고 있다. 글렌킨치(롤런드), 달위니(하이랜드), 크래겐모어(스페이사이드), 오번(서하이랜드), 탈리스커(스카이섬), 라가불린(아일레이)이 바로 증류소와 마케팅 주제로 활용되었던 지역이다. 이 지역들을 띄워주는 막대한 마케팅에 힘입어 지역별 독특한 풍미 프로필이 구축되긴 했지만 이 지역들 자체는 스카치위스키협회에서 정한 지역 경계와 엄밀히 상응하지는 않는다.

스카치위스키협회는 공식적으로 다섯 개의 지역 구분을 인정하고 있으며, 이 구분은 대체로 지역별 전통 위스키를 설명할 때 활용된다. 다섯 지역의 구분이 중요한 이유는 스카치위스키에 대한 평론에서 자주 거론되기 때문이다. 그런데 현재 위스키 업계에는 지역별 풍미를 규정할 때 그 지역에 동일하게 적용할 만한 지역

스페이사이드

하이랜드

아일레이

캠벨타운

롤런드

색이 없다. 1980년대 말에는 독특한 풍미를 광고하기 위해 지역 마케팅을 하는 것이 타당했지만 스카치위스키의 발전 양상에 따라 이제는 지역별 차이가 중요시되는 시점을 지났다. 와인의 경우 와인 생산지별로 사용되는 포도의 품종 때문에 생산지역별 차이가 타당하지만 스카치위스키의 경우 지역별 구분은 이 업계를 지나치게 단순화시키는 일이자 잘 맞지 않고 무관한 경우도 많다.

말하자면 이제는 특정 풍미 프로필과 제조법이 다른 지역들과도 서로 비슷해졌다는 이야기다. 롤런드의 증류소들은 대체로 위스키를 3차까지 증류하며 그 결과 보다 부드러운 위스키를 생산하고 있는데, 오큰토션이 롤런드 위스키의 좋은 사례다. 그런데 롤런드 위스키라고 해서 무조건 3차 증류방식이 채택되는 것은 아니며, 스코틀랜드의 그 외 지역 증류소들 가운데도 3차 증류로 위스키를 생산하는 곳들이 소수 있다. 하지만 싱글 몰트 스카치위스키가 3차 증류되었다면 사람들은 그 위스키를 으레 롤런드 스카치위스키라고 생각한다.

아일레이는 스모키 위스키를 생산하는 지역이다. 수백 년 전 이곳의 대다수 증류소들은 보리를 건조하는 데 피트를 이용하면서 위스키에 훈연 풍미를 띠게 했으며, 대부분의 아일레이 증류소들은 이 전통을 지켜왔다. 따라서 훈연 풍미는 명실상부한 이 지역 특유의 차이점이라고 볼 여지도 있지만 이 섬에는 피트 처리를 하지 않는 증류소 한 곳(부나하번)과 아주 살짝만 피트 처리를 하는 또 다른 증류소인 브룩라디가 있다(브룩라디는 옥토모어와 포트 샬럿 브랜드로 피트 처리의 강도를 더 높인 상품도 출시하고 있다). 물론 아일레이 이외 지역에도 피트 처리된 위스키를 생산하는 증류소들이 있지만 피트 처리된 위스키는 대부분 아일레이산이며, 피트 처리는 아일레이 위스키를 구분해내는 가장 쉬운 특징인 것도 사실이다.

하이랜드 지역은 스코틀랜드 위스키 생산지 가운데 단연코 가장 넓은 지역이며, 특정 풍미와 연관 짓기도 제일 까다롭다. 이 지역에는 수많은 증류소들이 자리 잡고 있지만 글렌모렌지, 달위니, 오번이 대표적이다. 하이랜드 지역을 규정짓기가 더 복잡해지는 요인이 또 있으니, (아일레이섬을 제외한) 스코틀랜드 북서쪽 열도 지역의 위스키들 역시 하이랜드 위스키로 통한다는 점이다. 애런, 하이랜드 파크, 주라, 탈리스커 등이 해당되는데 이들 위스키 간에는 유사점이 별로 없다.

스코틀랜드의 증류소 가운데 절반은 하이랜드 내의 작은 지역인 스페이사이드에 몰려 있다. 전통적으로 스페이사이드는 맥캘란과 글렌피딕처럼 과일 풍미가 두드러진 위스키를 생산하고 있다.

캠벨타운은 하이랜드 남서쪽 말단에 위치한 지역이며 한때는 서른 곳 이상의 증류소를 품고 있었지만 현재는 스프링뱅크, 글렌게일, 글렌 스코시아 정도가 남아 있다. 이 지역은 위스키 평론에서 언급되는 경우가 별로 없다.

지역별 고유 풍미는 몇 가지 안 되며, 그나마 자주 거론되는 지역 특유의 풍미라고 해봐야 아일레이의 피트 풍미와 스페이사이드의 과일 풍미 정도다.

아벨라워 디스틸러리

• 설립년도: 1826년

스코틀랜드의 증류소 가운데 상당수는 물가에 위치해 있으며, 내세우는 이야기들도 대체로 비슷비슷한 경향이 있다. 아벨라워, 스트래스페이의 인근 증류소에 곡물을 대주는 농부의 아들이었던 증류소의 설립자 제임스 플레밍도 그런 경향에서 예외가 아니었다. 플레밍은 아벨라워의 풍성한 샘물이 뛰어난 위스키를 빚어내는 데 탁월한 조건이 되어준다고 믿었고, 아벨라워라는 말 자체도 게일어로 '졸졸졸 흐르는 개천의 어귀'라는 뜻이다.

이런 역사도 인상적이지만 이제는 이 증류소의 최상급 위스키에 주목해보자. 아벨라워 아부나흐는 캐스크 스트렝스 스카치위스키이며, 1년 내내 소량씩 출시된다. 증류소 측은 이런 방식이 1800년대부터의 스카치위스키 생산방식에 가장 근접한 모델이라는 신념을 품고 있으며 숙성통으로는 스페인산 오크통만을 고집한다. 또 최종 위스키는 여과나 희석 과정을 거치지 않는다.

아벨라워 아부나흐는 매력적인 붉은 빛을 띠며 은근슬쩍 알코올함량 60%에서 병입된다. 은근슬쩍이라는 말을 쓴 이유는 향과 풍미에서는 이 위스키가 그렇게까지 독한지를 가늠하기 힘들기 때문이다. 노즈는 술에 절인 체리 향이 그윽하고 말린 과일과 토피 향도 풍긴다. 미각에서는 후각에서 미리 기대했을 법한 풍미가 그대로 전해지면서 알코올 기운이 묵직하고 폭발적으로 입안 가득 퍼진다. 알싸한 나무 계열 풍미의 팬이라면 끝맛에서 특히 만족하게 될 것이다. 병에는 배치번호

아벨라워에서는 미국산 오크통에서 숙성한 후 셰리 통에서 추가숙성을 거친다.

(제조단위 번호)가 표기된다.

일반 상품인 12년산과 18년산의 경우 대체로 아벨라워에서는 위스키를 미국산 오크통에서 숙성한 후 셰리 통에서 추가숙성시킨다. 이렇게 다른 종류의 통을 오가게 되면 더 달콤하고 복합적인 풍미가 부여되어 미각에 다양하고 강렬한 인상을 심어줄 수 있다.

아드벡 디스틸러리

• 설립년도: 1815년

라가불린, 라프로익과 더불어 피트 풍미가 특징인 아일레이의 증류소 삼총사를 이루는 곳으로 섬의 남동쪽에 터를 잡고 있다. 이 세 증류소는 피트 풍미를 고유한 특징으로 띠고 있지만 아드벡 디스틸러리는 이 지역에서도 특히 피트 풍미가 더 강렬한 위스키 몇 종을 내놓고 있다. 이곳의 역사는 1700년대 말까지 거슬러 올라가며 1980년대에는 수요 부족의 여파로 잠시 문을 닫는 수난을 겪기도 했다.

현재는 가장 최근의 소유주인 모엣 헤네시 루이비통의 후원을 받아 생산이 순조롭게 이루어지면서 아일레이의 맛 좋은 전통 피트 풍미 위스키 생산에 주력하고 있다. 그 성과의 하나로 걸출한 위스키를 출시하면서 이제 아드벡은 수많은 위스키 애호가들 사이에서 친숙한 이름으로 부상했다.

아드벡 10년산은 그중에서도 특히 사랑받는 이름이다. 피트 향이 농후하면서도 풍미와 깊이감이 흠잡을 데 없고 밸런스가 좋은 위스키라 평가할 만하다. 쌀쌀한 날 아드벡의 피트 향을 음미하면 캠프파이어가 연상되면서 몸이 훈훈하게 달아오른다. 노즈와 풍미는 비교적 보리 원료 특유의 특징을 띠어 바닐라의 달콤함과 시트러스 계열의 뉘앙스가 배어 있다. 레몬과 라임의 풍미는 입안에서 더욱 뚜렷하게 느껴지며 끝맛은 살짝 단맛이 돌지만 압도적이지는 않다. 이 위스키는 비유하자면 피자오븐에 키라임파이(연유와 라임즙으로 만든 미국 플로리다주의 전통요리 - 옮긴이)를 넣어 구우면서 그 냄새를 병에 채취해 담을 수만 있다면 바로 그런 냄새일 것 같은 인상을 주며, 피트 풍미의 밸런스도 매력적이다.

아드벡 디스틸러리는 생산 상품의 품질에 역점을 둔다. 그중 아드벡 텐은 알코

아드벡 디스틸러리는 이 지역에서도 특히 피트 풍미가 더 강렬한 위스키 몇 종을 내놓고 있다.

올함량 46%로 병입되는데 물의 첨가로 풍미가 희석되지 않아서 개인적으로 좋아하는 위스키다. 또 훈연 향과 풍미가 세심하게 조절된 밸런스가 인상적이다. 소량출시되는 특상품은 특히 더 환상적이다.

아드벡은 위치의 근접성과 풍미 프로필 때문에 라프로익이나 라가불린과 비교될 때가 많다. 이 세 증류소 가운데 아드벡은 숙성년수 표기에는 그다지 주안점을 두지 않고 고급 스카치위스키 생산에 집중하는 경향을 취한다. 피트 풍미를 즐기는 사람이라면 위스키 진열장에 아일레이 위스키를 더 채워 넣을 것을 적극적으로 추천한다.

아드벡 텐이 입맛에 잘 맞다면 다음번에 맛볼 만한 위스키는 오래 생각할 것도 없이 아드벡 슈퍼노바다. 아드벡 슈퍼노바는 개인적으로 즐겨 마시는 위스키이기도 한데 피트 함유량이 상당히 높다. 아드벡 우가달은 위스키 원액의 일부가 셰리통에서 숙성되어 더 달콤하고 훈훈한 풍미를 띤다. 자신 있게 말하지만 아드벡 디스틸러리에서 병입된 아드벡 스카치위스키를 고른다면 웬만해선 잘못 골랐다고 후회할 일은 없을 것이다.

아드벡 슈퍼노바는 개인적으로 즐겨 마시는 위스키이기도 한데 피트 함유량이 상당히 높다.

애런 디스틸러리

- 설립년도: 1995년
- 브랜드: 애런^{Arran}, 로버트 번스^{Robert Burns}

1970년대와 1980년대 수많은 증류소가 문을 닫았지만 1990년대에 들어서면서부터 경제호황에 크게 힘입어 스코틀랜드 위스키에 대한 관심이 되살아났다. 이때 대다수 증류소들이 다시 문을 열었고, 애런 디스틸러리를 비롯해 신규 증류소들이 세워졌다. 현재 애런 디스틸러리는 애런섬에 자리 잡은 유일한 증류소이기도 하다. 애런섬은 1800년대 불법 증류소가 창궐하던 지역이었고, 일각에서 추산하기로는 최절정기에 증류소의 수가 최대 50곳에 이르렀다고 한다. 애런 디스틸러리는 개인 소유인데, 이미 오래전부터 수많은 증류소들이 매각되어온 현재 위스키 업계에서는 드문 일이다.

애런 디스틸러리는 대기업 소유의 증류소들과 비교해볼 때 보다 전통적인 방식으로 위스키를 제조하면서도 자체적인 제조에 주안점을 두고 있다. 주력 상품군의 숙성은 미국산 오크통과 유럽산 오크통을 병행해 사용한다. 한편 포트 통과 와인 통 같은 숙성통에서 우러난 개성적인 끝맛이 인상적인 특상품으로도 인정을 받은 바 있다.

애런 10년산은 싱글 몰트 스카치위스키로, 후각적인 인상은 시트러스 향이 싱싱하게 다가오면서 바닐라의 달콤한 뉘앙스도 느껴진다. 미각적으로는 곡물의 풍미와 더불어 오렌지 껍질이 연상되는 맛과 전통적 풍미인 알싸한 맛이 복합적으로 다가온다. 끝맛은 달콤쌉싸름하면서 오렌지와 다크초콜릿이 떠오르게 한다. 병입 시의 알코올함량은 46%로 높은 편이며, 다소 어린 위스키치고는 꽤 풍성한 풍미를 선사한다. 사람에 따라 살짝 희석해 마시는 것을 선호할 수도 있다.

애런 디스틸러리는 일반적인 숙성 상품군을 통해 전통적인 싱글 몰트 스카치위스키의 생산능력을 입증해 보이는 한편, 추가숙성을 거치는 특상품을 통해 혁신능력까지 입증해 보이고 있다. 가끔씩 시장에 나와 있는 추가숙성 위스키 가운데는 얄팍한 상혼이 엿보이는 상품도 있다. 통에 스며들어 있는 와인과 포트의 당분을 최종 위스키에 섞어 넣으려는 구실로 재사용 통을 사용하는 경우를 말한다. 애런

애런 10년산은 이 증류소에서 생산되는 싱글 몰트 스카치위스키다.

디스틸러리는 추가숙성 위스키 대다수를 알코올함량 50%에서 병입하면서 꼼수를 부리지 않는다. 이렇게 생산된 위스키는 사람에 따라 밸런스가 뛰어난 위스키로 느껴지지 않을 수도 있지만 장담컨대 흥미로운 풍미 여행의 길로 안내할 것이다. 애런의 몰트위스키는 주로 추가숙성에 쓰이는 통과 병의 색깔에 따라 특징의 차이를 보인다. 디 애런 아마로네 캐스크 피니시는 이 증류소에서 생산되는 구입이 수월한 상품 가운데 최고로 꼽을 만한 위스키다. 아마로네 와인 통에서 최종 숙성된 결과로 당연히 단맛을 내지만 한편으론 보리 풍미가 진하면서 알싸함이 과하지도 부족하지도 않고 딱 적당한 수준이다. 반면 디 애런 포트 캐스크 피니시는 단맛이 과해서 끝맛에 아쉬움이 남는다. 그 점만 제외한다면 흥미를 자극하는 위스키라 추천하고 싶기도 하지만 다른 싱글 몰트위스키와 비교했을 때 부족하다 싶은 느낌이 드는 것도 사실이다.

애런 디스틸러리의 경우엔 확실히 걸작품뿐만 아니라 실패작도 내놓고 있지만 신흥 증류소인 만큼 더 오래 숙성된 위스키의 물량이 점차 늘고 있으며, 개성 있는 풍미를 내기 위해 여러 종류의 통을 사용하면서 연륜을 쌓아가고 있다는 점을 감안할 필요가 있다. 팬이 되어볼 만한 가치가 충분한 증류소라는 이야기다.

오큰토션 디스틸러리

• 설립년도: 1823년

오큰토션은 게일어로 '들판의 귀퉁이'라는 뜻이다. 비교적 가볍고 마시기에 부담 없는 위스키 생산을 목표로 3차 증류를 채택하는 스코틀랜드에서 몇 안 되는 증류소다. 3차 증류는 아일랜드 위스키에서 흔한 방식인데 일설에 따르면 1800년대 초 아일랜드에 감자마름병으로 대기근이 일어났을 당시 이주해온 이민자들에게 오큰토션이 영향을 받았을 거라고 여겨진다.

오큰토션 디스틸러리는 오랜 세월을 이어오는 사이에 주인이 여러 번 바뀌었다. 그러는 동안 1969년 전면 재건축되었고, 1984년에는 모리슨 보모어에 인수되었다. 모리슨 보모어의 위스키는 비교적 스모키한 풍미를 띠는 반면 오큰토션은 피트 처리되지 않은 보리를 원료로 쓴다.

오큰토션은 부드럽고 마시기 편한 스카치위스키 제조에 주력하면서 3차 증류를 채택하고 있다. 대다수 위스키는 2차까지 증류되면서 곡물 고유의 풍미가 어느 정도 남아 있지만 3차까지 증류되면 보리 특유의 풍미가 희박해진다. 이를 보완하기

위해 오큰토션의 3차 증류 위스키는 숙성에 사용하는 나무통에 주안점을 두고 있다. 예를 들어 12년산 스카치위스키는 원액의 일부를 올로로소 셰리 통에 숙성시키는 식이다. 이 12년산 스카치위스키는 알코올에 절인 체리의 향이 생각나고 입안이 설탕절임의 단맛, 알싸함과 더불어 은은한 시트러스 풍미로 채워진다. 알싸함은 비교적 가벼운 편이고 끝맛은 말린 과일 특유의 진한 단맛이다.

3차 증류의 단점은 보리 풍미의 손실이지만 오큰토션은 바로 앞에서 설명한 방식대로 적절한 통을 사용함으로써 단점을 보완하고 있다. 오큰토션 버진 오크는 개성파 위스키에 속한다. 싱글 몰트 스카치위스키 대다수가 재사용 통에서 숙성되는데 반해 오큰토션 버진 오크는 버번과 비슷하게 미국산 새 오크통에서 숙성된다. 스카치위스키 생산자들이 보리 베이스 위스키에 재사용 오크통을 사용하는 이유가 새 오크통에서는 보리가 바닐라 풍미에 너무 예민하게 반응하기 때문이라고들 주장하지만 이 위스키는 그 주장과는 다른 이야기를 들려준다. 공정을 기하는 차원에서 덧붙이자면, 보리 풍미가 강한 2차 증류 위스키는 새 오크통에 잘 맞지 않을 수도 있지만 3차 증류 위스키는 잘 맞는 듯하다. 아무튼 오큰토션 버진 오크는 노즈가 미묘하고 가벼우며, 레몬과 바닐라 계열의 뉘앙스가 살며시 감돈다. 알코올함량이 46%인데도 독하게 느껴지지 않는다. 입안에서는 꿀과 바닐라 풍미가 너무 달지 않으면서도 잘 어우러진다. 첫맛을 지나 중반부쯤에는 혀가 살짝 얼얼해지는가 싶다가 끝맛에 이르면 이를 보상해주듯 은은한 캐러멜과 더불어 (잠깐의 시간차를 두고 전해지는) 드라이함이 길게 이어지다 가라앉으며 한 모금 더 맛보고 싶어지도록 혀를 자극한다.

오큰토션 버진 오크는 버번과 비슷하게 미국산 새 오크통에서 숙성된다.

더 발베니 디스틸러리

- 설립년도: 1892년

발베니는 위스키를 버번 통에 숙성시킨 후 유럽산 셰리 오크통에서 추가숙성시킴으로써 싱글 몰트 스카치위스키의 복합적인 풍미를 탄생시키는 데 공헌한 것으로 인정받고 있다. 이 공헌의 실제 주인공인 위스키는 숙성 과정에 두 가지 다른 나무통이 사용된다는 의미에서 더 발베니 더블우드라는 이름이 붙었다.

더 발베니 디스틸러리에서는 주로 미국산 오크통을 사용한다.

그랜트 가문은 글렌피딕이 성공을 거두자 수요에 부응하기 위해 발 빠르게 증류소 한 곳을 더 세웠다. 이것은 그랜트 가문이 글렌피딕 디스틸러리에서 위스키를 생산하기 시작한 지 불과 6년 후의 일이었다. 하지만 더 발베니 디스틸러리는 풍미 프로필이 글렌피딕과는 다른 독자적인 증류소다. 글렌피딕에서는 숙성에 유럽산 오크통을 주로 사용하는 반면 발베니에서는 대체로 미국산 오크통을 사용한다. 이런 숙성방식의 차이는 위스키의 빛깔과 맛을 통해 그대로 드러난다.

더 발베니 디스틸러리는 흠잡을 데 없는 증류소로 극찬을 받고 있다. 수많은 증류소가 보리 재배, 몰팅, 통 제조의 과정을 외주 조달해왔지만 더 발베니 디스틸러리는 세 과정 모두를 증류소 내에서 직접 하고 있다. 직접 재배하는 보리나 몰트의 양이 수요를 따라갈 만큼 충분하지는 않지만 어쨌든 이런 방식 덕분에 증류소로선 전 생산 과정에 긴밀히 관여하게 된다. 탐방객 입장에서도 위스키 제조의 각 단계를 볼 수 있기 때문에 발베니를 탐방하는 시간은 더 알차다.

1980년대 위스키계의 발전 상황 한 부분을 맛으로 느껴보고 싶다면 더 발베니 더블우드 12년산을 권한다. 이 위스키는 미국산 오크통에서 10년간 숙성 후 원숙

더 발베니 디스틸러리는 흠잡을 데 없는 증류소로 극찬을 받고 있다.

함을 더하기 위해 유럽산 오크통에서 2년간 추가숙성된다. 노즈는 복숭아와 꿀이 연상되다가 뒤로 가면서 시트러스 향이 느껴진다. 미각적으로는 기분 좋은 몰트 풍미가 느껴짐과 동시에 견과류의 기름진 맛과 계피의 알싸함이 은은히 퍼지다 끝 맛에서는 나무에서 우러난 알싸함과 말린 과일 풍미가 혀 위로 내려앉는다. 이 위스키는 처음 만들어진 1980년대 당시 시대에 앞선 진보적 스타일의 위스키였고, 지금까지도 여전히 많은 이들에게 사랑받고 있다. 금전적인 여유가 된다면 더 발베니 더블우드 17년산도 맛보길 권한다. 17년산은 12년산을 월등히 뛰어넘는 상급버전이며 (적어도 내 개인적인 소견으로는) 돈이 하나도 아깝지 않은 위스키다.

더 발베니 캐러비언 캐스크 14년산은 이 증류소가 초지일관 세심한 계획을 바탕으로 혁신에 주력해왔음을 잘 보여주는 사례다. 초심자용 싱글 몰트 스카치위스키에 비해 가격이 높지만 새로운 풍미를 접하게 해줌으로써 미각을 더욱 발달시킬 수 있어 내가 가장 많이 추천하는 위스키다. 이 위스키 생산 과정의 하나로 더 발베니 디스틸러리에서는 50종의 럼을 특별히 블렌딩해 통에 부어넣는다. 그 후 럼을 빼낸 후 축축하게 젖은 통에 14년 숙성된 위스키 원액을 채워 넣는다. 이런 생산 과정을 거친 위스키는 럼이 스며든 나무통의 풍미가 우러나면서 안정감과 원숙함을 띠게 된다. 향기가 더욱 그윽한 위스키로 거듭나며 싱싱한 향과 비단처럼 부드러운 여운을 갖추는가 하면, 알싸한 맛과 좋은 밸런스를 이루는 부드럽고 은은한 달콤함이 곡물의 풍미를 아주 인상적으로 끌어올려주기도 한다.

더 발베니 디스틸러리에서는 50종의 럼을 특별히 블렌딩해 통에 부어넣는다.

벤리악 디스틸러리

- 설립년도: 1898년

생긴 지 오래되었지만 위스키 업계에서는 비교적 신참에 속한다. 1898년에 존더 프앤컴퍼니에서 처음 세웠고, 원래의 이름은 이 회사의 첫 번째 증류소 이름을 따서 붙인 롱몬 넘버 2였다. 그 후 1899년에 '붉은 사슴의 언덕'이라는 뜻을 가진 벤리악으로 이름이 바뀌었다. 하지만 불과 4년 뒤에 문을 닫게 되었고, 1965년에 이르러서야 글렌리벳에 인수되면서 다시 문을 열 수 있었다. 2002년에 또다시 폐업하며 2년간 가동이 중지되었다가 현 소유주 벤리악 디스틸러리 유한회사에 인수

되었다. 위스키 업계에 30년간 몸담아 온 유기화학자로서 2년간 투자 파트너로 동참한 빌리 워커도 현 소유주로 있다. 이 새로운 소유주 하에서 이곳 증류소가 내세우는 목표는 새로운 풍미로 위스키 제조에 혁신을 불어넣는 일이다.

벤리악 디스틸러리에서 생산되는 전통적 스타일의 상품군은 정통 스페이사이드 위스키에 속하며 과일과 꿀의 풍미, 오크 특유의 알싸한 여운이 특징이다. 이 증류소에서는 전통적인 스타일의 상품들 외에도 아주 뛰어난 품질의 추가숙성 상품들 또한 선보이고 있다. 벤리악 15년산 다크 럼 피니시가 그중 하나다. 이 위스키는 벤리악 특유의 짭짤하면서도 산뜻한 첫맛이 중반부에 전해지는 럼 특유의 단맛과 기분 좋은 밸런스를 이룬다. 끝맛에서는 알싸함과 함께 레몬 풍미가 살짝 감돌면서 여운이 매혹적이도록 길게 이어진다.

보모어 디스틸러리

• 설립년도: 1779년

아일레이 지역에서 가장 오래된 인가 증류소로서 남다른 자부심을 가지고 있다.

아일레이는 라가불린과 라프로익 같은 쟁쟁한 증류소들의 본거지로도 유명하다. 보모어 디스틸러리는 피트 처리하는 아일레이의 전통을 지키고 있지만 피트 처리 정도가 라가불린과 라프로익의 절반 정도이기 때문에 라가불린의 훈연 풍미가 부담스러운 이들에게 흡족한 대안이 될 수 있다. 내 경우엔 보모어를 피트 풍미가 강한 위스키에 도전하기에 앞서 즐기는 기분 좋은 입문용으로 여기고 있지만 어쩐지 더 부드러운 맛이 당길 때가 있어서 늘 진열장에 채워놓는다.

이 증류소에는 스코틀랜드 전역의 저장고를 통틀어 가장 오래된 위스키가 잠자고 있다고 한다. 넘버 1 볼츠라는 이름의 이 저장고는 해수면보다 조금 낮은 위치에 자리 잡고 있는데, 보모어 디스틸러리는 이곳의 춥고 습한 환경이 위스키 숙성에 최적의 조건이라는 신념을 갖고 있다. 하지만 이 저장고의 원액으로 생산되는 위스키는 보모어 전체 생산 위스키의 일부분밖에 되지 않는다. 보모어 디스틸러리는 위스키 숙성에 미국산 오크통과 유럽산 오크통을 병행해 사용한다.

보모어 디스틸러리는 춥고 습한 환경이 위스키 숙성에 최적의 조건이라는 신념을 갖고 있다.

보모어 아일레이 싱글 몰트 12년산은 피트 풍미를 선뜻 내켜하지 않는 이들에게 딱 맞는 대안이다. 부분 피트 처리된 스카치위스키라 너무 압도적이지 않아서 은근슬쩍 피트광으로 만들고 싶은 친구들에게 자주 선물하는 위스키다. 12년산은 꽃 계열 풍미와 훈연 풍미가 특히 흥미롭다. 향은 저 멀리에서 훈연 냄새가 풍겨오는 듯 은은하고, 첫맛은 바닐라의 단맛과 곡물 뉘앙스가 느껴진다. 12년산인데도 오크 풍미가 알싸함은 물론이요 바닐라의 달콤함까지 두루두루 배어 있는 동시에 보리의 풍미가 기분 좋은 밸런스를 이루어 인상적이다. 끝맛에서는 훈연 풍미로 입안에 훈훈한 느낌이 더해진다.

내가 특히 즐겨 마시는 보모어 위스키는 보모어 템피스트다. 캐스크 스트렝스로 한정판 출시되는 상품이며, 넘버 1 볼츠 저장고에 숙성된 원액 100%로 생산된다. 보모어 특유의 피트 풍미가 담겨 있으며, 독한 알코올 기운은 다른 캐스크 스트렝스 위스키들에 비해 잘 가려지지 않는 편이지만 물을 살짝 섞어 마시면 거부감이 들지 않을 정도다. 보모어 템피스트를 구하기 어렵다면 보모어 아일레이 싱글 몰트 18년산을 권한다. 18년산은 밸런스가 좋은 복합적인 피트 풍미의 스카치위스키로 꿀처럼 달콤하고 흙내음이 풍기며 피트 풍미가 압도적이지 않다. 끝맛에서 살짝 재가 연상되기도 한다.

브룩라디 디스틸러리

- 설립년도: 1881년
- 브랜드: 브룩라디^{Bruichladdich}, 옥토모어^{Octomore}, 포트 샬럿^{Port Charlotte}

브룩라디 디스틸러리는 한 남자의 달콤쌉싸름한 사연이 어려 있는 곳이다.

브룩라디 디스틸러리는 한 남자의 달콤쌉싸름한 사연이 어려 있는 곳이다. 마크 레이니에르가 주인공인 이 사연은 위스키광들 사이에서 유명하다. 마크 레이니에르라는 남자는 해마다 가족과 함께 아일레이 북단의 반도 지역인 린스 오브 아일레이를 찾았다고 한다. 그리고 매년 브룩라디의 이 버려진 증류소를 지나며 인수를 제의했지만 매번 거절당하다 10년 만에 마침내 제안이 받아들여졌다.

개인들이 합세한 투자팀과 마크 레이니에르는 2000년 말 증류소를 인수하게 되었다. 마스터 디스틸러로는 짐 맥퀀안이 선임되었다. 개인투자팀은 시간이 더 걸림에도 불구하고 증류소를 새롭게 다시 지었지만 시설면에서는 전통을 지키고자 주의를 기울여 브룩라디 위스키 제조 과정에는 컴퓨터가 사용되지 않는다.

이런 시설에서 만들어진 위스키는 가히 환상적이다. 브룩라디 디스틸러리는 입문자용 위스키에서부터 충분히 숙성된 복합적 풍미의 위스키에 이르기까지 다양한 상품군에서 탁월한 위스키를 출시하고 있다. 한편 아일레이에 자리 잡고 있으면서도 피트 처리되지 않은 위스키를 제조하고 있다. 피트 처리된 위스키는 포트 샬럿 브랜드로 출시하고 있는데, 당분간은 이 위스키를 브룩라디 디스틸러리에서 증류하고 있지만 별도의 증류소인 포트 샬럿 디스틸러리가 건축 중에 있다.

이 사연의 결말은 2012년에 쓰였다. 브룩라디의 개인투자팀이 (원래 인수가격의 몇 배인) 5,800만 유로의 가격으로 레미 쿠앵트로의 인수 제안을 받아들였던 것. 마크 레이니에르를 빼고 모두가, 게다가 짐 맥퀀안까지도 이 거래에 찬성했다. 이 글을 쓰는 현재 맥퀀안은 여전히 이곳의 마스터 디스틸러로 일하고 있지만 레이니에르는 CEO 자리에서 물러나 다른 사업에 진출 중이다.

브룩라디 더 라디 10년산은 이 증류소의 위스키에 입문하기에 제격이다. 후각에서는 바닐라와 옅은 곡물 향, 산뜻한 레몬 향과 더불어 꿀이나 초콜릿 같은 풍미가 그보다 더 진하게 느껴진다. 미각적으로는 톡 쏘는 맛이 느껴지면서 오크에서 우러난 바닐라 특유의 단맛도 난다. 말린 과일의 풍미도 은근히 전해지고 캐러멜화 설탕과 은은한 레몬의 풍미도 있다. 끝맛에서는 입안이 훈훈해지면서 가벼운 알싸함이 다가오고 아몬드 오일 향이 은은하게 퍼져온다.

브룩라디 블랙 아트는 비교적 고가의 스카치위스키로 현재 네 번째 상품까지 출시되어 있다. 더 오래 숙성된 중간 품질의 위스키들도 밸런스가 좋고 부드러운 편이지만 충분히 숙성된 위스키뿐만 아니라 어린 위스키가 가진 복합미도 즐기는 위스키 애주가들에게는 블랙 아트가 잘 맞는다. 브룩라디 블랙 아트는 탄성이 절로 나오는 요소로 가득하다. 체리와 초콜릿의 향이 깊이 있고 은은하게 코를 파고드는 동시에 입안에서는 강한 체리 풍미와 산뜻한 자몽 맛, 계피 특유의 알싸함이 번갈아가며 밀려와 혀를 농락한다. 끝맛은 숙성된 스카치위스키에서 풍기는 숯불에 구운 과일의 풍미라고 표현하는 것이 가장 잘 맞을 듯하며, 풍부한 단맛이 톡 쏘는 맛과 밸런스를 이루고 있다.

쿠일라 디스틸러리

• 설립년도: 1846년

아일레이섬에 터를 잡고 있으며 아일레이의 전통적인 피트 처리 풍미에 주력하는 곳이다. 여러 주인의 손을 거친 데다 몇 차례 폐업을 맞는 등 다사다난한 역사를 걸어왔지만 1974년 모든 시설이 재건축되어 새롭게 문을 열면서 안정적으로 자리가 잡혔다. 현재는 디아지오의 소유이며 이곳에서 생산된 증류 주정의 일부가 조니 워커에 들어가는 원액으로 쓰이고 있다.

쿠일라 12년산은 싱글 몰트 스카치위스키로서 여러 풍미가 잘 조화되어 기분 좋은 복합미를 선사한다. 훈연 계열의 향이 이웃집에서 풀을 태우는 듯한 느낌으로, 그러니까 가까운 곳이지만 바로 코앞은 아닌 곳에서 풍겨오는 듯한 느낌으로 다가온다. 흙내음과 더불어 비누 냄새 같은 향과 라임 향기가 은은히 퍼져오기도 한다. 입안에서는 훈연의 다양한 풍미와 함께 은은한 견과류, 다크프루트, 알싸함, 담배 등의 풍미가 느껴지고 끝맛에서는 기분 좋게 톡 쏘는 후추 풍미가 남는다. 이 스카치위스키는 시가와 궁합이 아주 좋다. 또 특유의 광물 계열 풍미가 있어서 굴이나 치즈 요리와도 찰떡궁합이다.

쿠일라 12년산 스카치위스키는 시가와 궁합이 아주 좋다.

카듀 디스틸러리

• 설립년도: 1824년

1800년대에는 농부들이 운영하는 불법 증류소가 판을 쳤다. 카듀 디스틸러리도 그런 불법 증류소에 속해 역사가 1811년까지 거슬러 올라가며, 1824년에 이르러서야 법적 인가를 받았다. 이 증류소가 속한 농장의 소유주는 존과 헬렌 커밍 부부였지만 증류소 운영은 헬렌 커밍이 도맡았다. 그후 며느리 엘리자베스가 뒤를 이어 운영하면서 1885년 현재의 위치에 다시 지어지게 되었다. 엘리자베스 커밍은 '위스키 사업의 여왕'으로 통하며 업계의 유명인사로 떠올랐다. 1893년 조니 워커에 증류소를 매각하긴 했지만 그 뒤로도 수십 년간 증류소 운영을 맡았다.

현재 카듀는 조니 워커의 핵심원료로 유명하다. 더 정확히 말하면 조니 워커 블렌디드 위스키의 원료로 쓰인다. 이곳 증류소의 위스키 원액 대부분은 조니 워커의 원료로 쓰이지만, 이 증류소의 이름으로 병입되는 싱글 몰트위스키도 스카치위스키 열혈팬들 사이에서 좋은 평가를 얻고 있다.

카듀 디스틸러리는 2003년 논란의 중심에 선 적이 있다. 당시 디아지오는 수요를 따라가지 못하자 카듀를 블렌디드 위스키로 출시하기 시작하며 기존 라벨과 병 모양을 그대로 쓰면서 명칭만 '퓨어 몰트'로 바꿨다. 그러자 그것이 이 싱글 몰트 스카치위스키 브랜드의 평판을 떨어뜨리는 행위라는 비난이 빗발쳤다. 잘 모르는 소비자들이 카듀 퓨어 몰트를 사면서 싱글 몰트 스카치위스키를 구매하는 것으로 착각할지 모른다는 우려에서 제기된 비난이었다. 비난이 쇄도하자 디아지오는 결국 카듀를 싱글 몰트 스카치위스키로 전환하면서 2006년부터 다시 싱글 몰트 스카치위스키로 생산하고 있다.

베스트셀러는 12년산이다. 카듀 12년산은 버터스카치 사탕 같은 달달한 향과 더불어 은은한 배의 풍미와 갓 베어낸 풀 향기가 특징이다. 입안에서는 다크초콜릿의 풍미가 강렬하게 퍼지면서 재사용 버번 통에서 우러난 단맛과 알싸한 맛이 살짝 감돈다. 여운이 기분 좋을 정도로 길고 드라이한 편이다. 카듀 12년산은 가히 걸작이라 할 만하며, 밸런스에 기울인 세심함이 특히 돋보이는 위스키다.

현재 카듀는 조니 워커의 핵심 원료로 유명하다.

클라이넬리시 디스틸러리

• 설립년도: 1967년

스코틀랜드의 대다수 증류소와 달리 비교적 역사가 짧은 곳으로 디아지오가 소유한 증류소 가운데 세 번째로 규모가 큰 곳이기도 하다.

　클라이넬리시 디스틸러리는 브로라 디스틸러리 옆에 세워졌고, 한때는 두 증류소가 동시에 가동되었지만 브로라 디스틸러리는 1983년 문을 닫게 되었다. 그때까지 두 증류소 모두 터를 잡은 본거지 지명인 클라이넬리시를 명칭으로 한 자체 상품을 출시했다. 하지만 현재는 폐업한 브로라 디스틸러리에서 생산되던, 더 오래 숙성시킨 위스키들이 브로라 디스틸러리라는 이름으로 출시되고 있다. 브로라 위스키는 워낙 구하기 힘들어서 이 책에서 따로 다루지 않고 있지만 브로라 싱글 몰트 스카치위스키는 수많은 위스키 수집가들 사이에서 선망의 대상이다. 혹시 이 위스키를 보게 된다면, 그리고 가격대가 적당하다면 충분히 구매할 가치가 있다.

　클라이넬리시 14년산은 사랑스러운 위스키다. 바디(무게감)가 묵직하고 꽃향기와 달콤한 향에 더해 은은한 훈연 냄새가 풍긴다. 미각적으로는 무게감이 입안을 꽉 채우는 풀바디 위스키의 인상을 주면서 크림 같은 풍미, 몰트 특유의 단맛, 과일 맛과 알싸함, 담배 계열의 뉘앙스가 전해진다. 개인적으로는 이 위스키의 짭짤하면서도 알싸한 끝맛이 특히 마음에 끌린다.

브로라 싱글 몰트 스카치위스키는 수많은 위스키 수집가들 사이에서 선망의 대상이다.

컴퍼스 박스 디스틸러리

• 설립년도: 2000년

• 브랜드: 아실라^{Asyla}, 컴퍼스 박스^{Compass Box}, 히더니즘^{Hedonism}, 오크 크로스^{Oak Cross}, 더 피트 몬스터^{The Peat Monster}, 스파이스 트리^{Spice Tree}

소규모 수제 블렌딩 및 병입업체다. 말하자면 다른 증류소에서 위스키 원액을 구입한 뒤 풍미에 맞춰 블렌딩하는 곳이다. 조니 워커의 마케팅 부문 임원 출신이던 존 글래스가 2000년에 설립한 곳이라 위스키 업계에서는 비교적 신참에 든다. 설립 초반, 일찌감치 극찬을 얻었는가 하면 불법 위스키를 제조한다는 비난(자사는 싱컴퍼스 박스 디스틸러리는 다른 증류소에서 위스키 원액을 통째로 구입해 자체적으로 숙성시킨다.

불법 위스키 제조로 유명세를 타면서 컴퍼스 박스 스파이스 트리는 첫 출시 당시 매장에서 거의 동이 났다. 블렌딩업체인 컴퍼스 박스 디스틸러리는 다른 증류소에서 위스키 원액을 통째로 구입한다. 그리고 이렇게 구입한 위스키를 자체적으로 숙성시킨다. 스파이스 트리의 경우엔 생산방식이 조금 달라 이미 숙성된 위스키를 구입한 후 새 오크 조각을 집어넣은 통에서 추가숙성을 거친다. 나무의 풍미를 더 끌어내기 위해 추가로 나무 조각을 집어넣는 방법은 와인 업계에서는 수십년간 아무 탈 없이 활용되어왔다. 하지만 스카치위스키협회에서는 숙성통에 인위적으로 손을 대는 행위는 스카치위스키 제조 전통에 어긋나며 그로 인해 스카치위스키 판매에 악영향을 미칠 우려가 있다고 판단했다. 그에 따른 당연한 결과겠지만 스파이스 트리는 2006년 당시 순식간에 매진되었음에도 불구하고 회사는 문을 닫아야 할 위기에 몰리고 말았다.

컴퍼스 박스 디스틸러리는 포기하지 않고 헤쳐 나갈 방법을 모색했다. 그렇게 몇 년이 지난 후 이번엔 프랑스산 새 오크통에서 추가숙성하는 방식을 활용해 새로운 상품을 출시했다. 나무 조각을 사용하는 이전의 방식으로 2년간 추가숙성을 하는 대신 이 방식으로 3년간 추가숙성을 거친 신상품은 첫 번째 컴퍼스 박스 스파이스 트리의 특징을 대부분 간직하고 있다. 한편 컴퍼스 박스 디스틸러리는 같은 통을 여러 번 재사용하는 업계의 관행을 그다지 좋게 평가하지 않으며 퍼스트 필 배럴에 주력하고 있기도 하다. 이런 식으로 생산된 위스키는 오크 풍미가 강한 위스키에 열광하는 이들에게 최적의 상품이다.

컴퍼스 박스 스파이스 트리는 마멀레이드나 생강쿠키가 연상되는 향이 코를 살짝 찌르고, 오크통에서 우러난 묵직한 오크 풍미가 입안을 기분 좋게 채워준다. 바닐라 케이크, 생강 특유의 알싸함, 나무 특유의 계피 같은 알싸함, 꿀 등의 풍미가 쭉 이어지기도 한다. 개인적으로는 입안에 머금자마자 톡 쏘는 얼얼함과 뒤이어 감각을 에워싸듯 몰려오는 풍미에 마음이 끌린다. 오크 크로스는 스파이스 트리에 비해 더 순하고 살짝 밋밋한 편이다.

더 컴퍼스 박스 아실라는 비교적 부드러운 스파이스 트리의 풍미가 한층 끌어올려진 위스키라 할 만하다. 두 위스키는 비슷하게 나무 특유의 풍미를 띠지만 아실라의 경우 후추같이 톡 쏘는 끝맛이 매혹적이도록 긴 여운을 남긴다는 점에서 인상적이다. 목구멍을 타고 시트러스 풍미가 기분 좋게 스쳐 지나가기도 한다.

크래겐모어 디스틸러리

• 설립년도: 1869년

크래겐모어 위스키는 특유의 짧고 밋밋한 탑노트(첫향)를 띠면서 여전히 가볍고 마시기 편한 특징을 띤다. 나는 종종 마시기 편한 위스키에 대한 평론에서 혹평을 내놓곤 하지만 크래겐모어의 경우엔 단순히 마시기 편한 것이 아니라 인상적인 풍미로 채워져 있기도 하다. 가장 인기 많은 12년산은 널리 보급되어 구하기가 쉬운 편이다. 후각적으로 톡 쏘는 알싸함과 가죽광택제 냄새, 체리 향, 은은한 훈연 풍미가 인상적으로 다가온다. 입안에서는 과일, 견과류의 맛이 묵직하게 퍼지면서 꿀과 훈연 풍미가 살짝 감돈다. 끝맛은 산뜻하면서 알싸하다.

크래겐모어 12년산은 끝맛이 산뜻하면서 알싸하다.

크래겐모어는 글렌킨치, 오번, 라가불린, 달위니, 탈리스커와 함께 디아지오의 클래식 몰트 오브 스코틀랜드 브랜드에 속하는데, 이 여섯 곳의 증류소는 유나이티드디스틸러스앤빈트너스 소유였다가 디아지오에 인수된 곳들이다.

크래겐모어 12년산은 탑노트로 꽃 계열의 향과 체리의 달달함, 가죽광택제 냄새가 그윽하게 풍겨온다. 여러 성분이 복합적으로 어우러져 있으며 알싸함도 살짝 느껴진다. 미각적으로는 묵직하고 과일 풍미가 있어 캐스크 에일(숙성시킨 후 여과나 살균을 거치지 않고 그대로 유통되는 맥주로, 질소나 탄산가스 등을 인위적으로 주입하지 않은 채 판매된다.-옮긴이)과 꿀이 연상된다. 훈연 풍미도 살짝 감돌지만 불을 피운 지 며칠 지난 후의 캠프파이어 냄새처럼 희미하다.

달위니 디스틸러리

• 설립년도: 1897년

1897년에 스코틀랜드의 하이랜드에 세워졌다. 이곳이 증류소의 위치로 선정된 이유는 샘물, 피트, 철도와의 인접성 때문이었다. 수많은 증류소가 경기 침체기에 운영난을 겪다 문을 닫았을 때 이곳도 폐업하고 말았지만 디아지오에 인수되어 현재는 전면 가동되고 있다. 달위니의 위스키는 대부분 조니 워커의 블렌딩 원료로 쓰이지만 10분의 1 정도는 달위니 싱글 몰트 스카치위스키로 출시된다. 이 증류소가 터를 잡은 곳은 스코틀랜드 소재 증류소를 통틀어 고도가 가장 높은 곳(326미터)이며 기온도 스코틀랜드 거주 구역 가운데 가장 낮은 편에 속한다.

이곳에서 생산되는 위스키 중 가장 인기 높은 상품은 단연코 더 달위니 15년산이다. 15년산은 시리얼, 꿀, 오렌지 마멀레이드의 향이 기분 좋은 복합미를 이루며 풍겨온다. 입안에서도 향과 똑같은 풍미가 이어지는데 특히 시트러스와 꿀의 풍미가 인상적이다. 중반부쯤에는 고기맛이 느껴지다가 커피와 가죽의 복합적인 풍미가 더 깊이감 있게 전해진다. 끝맛으로 이어질수록 피트 향이 점점 뚜렷해지면서 꿀 같은 단맛과 기분 좋은 밸런스를 이룬다. 싱글 몰트 스카치위스키 부문에서 크게 주목받고 있지는 않지만 적어도 내 견해로는 저평가되어 있다고 본다.

글렌드로낙 디스틸러리

• 설립년도: 1826년

부흥기를 거쳐 현재까지도 여전히 숙성에 사용되는 통에 각별히 신경 쓰고 있다.

2008년 벤리악 디스틸러리 유한회사에 인수되면서 부흥을 맞았다. 이전까지는 생산 위스키 대부분이 티처스 블렌디드 위스키의 원료로 쓰였다. 그러다 새 주인을 맞으며 블렌딩 위주에서 벗어나 싱글 몰트 스카치위스키 생산 쪽으로 기울었다. 그 뒤로 12년산, 15년산, 18년산 싱글 몰트 스카치위스키의 재출시 등으로 부흥을 맞으면서 현재까지도 여전히 숙성에 사용되는 통에 각별히 신경 쓰고 있다.

더 글렌드로낙 12년산은 스페인의 페드로 히메네즈 셰리 통과 올로로소 셰리 통을 모두 사용해 숙성한 후 알코올함량 43%에서 병입된다. 호박 빛이 도는 붉은

색의 매혹적인 빛깔을 띠는 이 위스키는 체리, 말린 과일의 향기와 더불어 달달한 향이 그윽하게 풍기면서 기름진 향도 살짝 감돈다. 입안에서는 톡 쏘는 느낌이 퍼지면서 그 톡 쏘는 얼얼함이 내내 지속된다. 첫맛에서는 단맛과 두드러지는 과일 맛이 느껴지다가 끝맛에서는 바닐라와 시리얼의 풍미가 내내 기분 좋게 이어진다. 그러다 계피의 알싸함이 점차 가라앉는 동시에 단맛도 차차 희미해진다.

글렌퍼클래스 디스틸러리

• 설립년도: 1836년

글렌퍼클래스 디스틸러리는 (그랜트앤선즈의 그랜트 가문이 아닌) 글렌퍼클래스의 그랜트 가문 소유이며, 스코틀랜드에서 몇 안 되는 가족 경영 증류소다. 초창기에는 블렌딩업체에 위스키를 판매하는 쪽에 주력했지만 1970년대 이후부터는 위스키 애주가들에게 매우 은혜롭게도 자체적으로 위스키를 병입해 출시하고 있다.

　글렌퍼클래스가 특히 신경 쓰는 부분은 유럽산 셰리 통을 이용한 숙성이다. 셰리 통 숙성의 특징이 잘 드러나는 이 증류소의 상품들은 가장 어린 10년산 위스키까지도 짙은 빛깔을 띤다. 또 말린 과일, 보리의 달콤함, 시리얼의 향이 강렬하다. 한마디로 크리스마스 케이크를 연상시키는 풍미다. 미각적으로는 시럽 같은 단맛이 있고, 아몬드 오일의 풍미, 캐러멜, 계피의 알싸함도 느껴진다. 끝맛에서는 다크 초콜릿의 쌉쌀함과 짭짤한 맛이 살짝 감돈다.

　글렌퍼클래스는 다양한 숙성년수의 상품을 내놓고 있다. 그중 15년산은 비교적 묵직한 마우스필을 띠면서 입안으로 퍼지는 단맛이 폭발적이다. 셰리 통에서 숙성된 스카치위스키를 즐긴다면 이 15년산이 탁월한 선택이 되어줄 것이다.

글렌피딕 디스틸러리

• 설립년도: 1886년

글렌피딕은 세계에서 가장 많이 팔리는 싱글 몰트위스키로 꼽힌다. 글렌피딕 디스틸러리는 싱글 몰트위스키의 세계적인 마케팅과 판매에 일가견이 있기로 널리 인정받고 있으며, 어느새 글렌피딕이 싱글 몰트 스카치위스키 시장을 독점하면서 다른 증류소들이 이를 따라잡으려 분발하기에 이르렀다. 이 글을 쓰는 현재 글렌피딕은 싱글 몰트 스카치위스키의 세계 판매량 가운데 3분의 1가량을 차지하고 있다. 게다가 병에 숙성년수 표기를 추가하며 또 하나의 트렌드를 열었던 최초의 증류소에 속하기도 한다.

1886년에 윌리엄과 엘리자베스 그랜트 부부가 세운 이 증류소는 지금도 여전히 그랜트 가문이 5대째 소유·운영하고 있다. 로비 듀라는 인근의 샘물만을 수원지로 활용하고 있으며, 전해오는 이야기로는 윌리엄 그랜트가 이 샘물에 감동받아 증류소 설립을 결심했다고 한다. 병에 트레이드마크처럼 찍힌 사슴 문양은 글렌피딕의 게일어 의미인 '사슴 계곡'에서 유래된 것이다.

글렌피딕 디스틸러리의 성공 비결은 뛰어난 경영능력에 있다. 금주법이 시행되던 시기에도 종국에는 술에 대한 수요가 증가할 것이라는 선견지명에 따라 생산을 늘렸다. 1960년대와 1970년대 경기침체 여파로 증류소들이 타격을 입었을 당시엔

경쟁업체들과의 차별화를 위해 자사의 스카치위스키를 '싱글 몰트'로 마케팅하기 시작했다.

대규모 증류소답게 다양한 상품을 출시하고 있지만 그중에서도 12년산이 가장 유명하다. 마시기에 무난하지만 그렇다고 개성 없는 위스키는 아니다. 우선 노즈가 엄숙한 톤의 녹색 병이 풍기는 겉모습과는 사뭇 대조되는 산뜻한 풍미를 띠면서 가볍고 싱그러운 인상을 준다. 첫맛은 몰트 처리된 보리의 단맛이 진하다가 시트러스, 다크초콜릿 풍미로 이어져 끝맛에서는 은은한 과일 풍미가 느껴진다. 또 은은하던 훈연 풍미가 끝맛으로 이어질수록 점점 선명하게 드러나기도 한다.

글렌피딕의 15년산 솔레라 위스키는 동일한 가격대의 위스키 가운데 최고 걸작이다. 솔레라 스타일의 위스키는 글렌피딕이 업계에 도입시킨 또 하나의 혁신이지만 이 방식은 (상당수의 위스키계 혁신이 그렇듯) 와인메이커들로부터 차용해온 것이다. 솔레라는 술을 숙성시키기 위한 방식의 하나로, 숙성된 위스키를 커다란 통(와인이나 맥주의 저장에 사용되었던 나무통)에 담아두는 식으로 이뤄진다. 글렌피딕 솔레라 위스키의 경우엔 셰리의 숙성에 사용되었던 큰 통에 담기는데 이 통에서는 위스키가 완전히 다 비워지는 법이 없다. 언제나 통 안에 위스키가 어느 정도씩 남겨져 수년에 걸쳐 쭉 숙성되기 때문에 이런 솔레라 방식을 프랙셔널 블렌딩이라 부르기도 한다. 다시 말해 글렌피딕 15년산에는 솔레라 통이 처음 채워진 날 이후로 수십 년에 걸쳐 그 통에 들어 있던 원액이 섞여 있다는 이야기다. 이 15년산은 밸런스가 경이로우며 봉우리와 계곡을 연상시키는 알싸함이 풍긴다. 여운이 매혹적이도록 오래 이어지며, 과장이 아니라 솔직하게 말해서 그렇게 뛰어난 복합미를 갖춘 위스키치고는 가격이 상당히 착하다.

글렌피딕의 15년산 솔레라 위스키는 동일한 가격대의 위스키 가운데 최고 걸작이다.

글렌 기어리 디스틸러리

• 설립년도: 1797년

글렌 기어리 디스틸러리는 스코틀랜드에서 상당히 오래된 증류소에 속한다. 전통적으로 살짝 피트 처리된 스타일의 스카치위스키를 생산했지만 최근에 들어서며 잠시의 폐업 이후 재개업한 뒤에는 변화가 생겼다.

글렌 기어리 디스틸러리는 스코틀랜드에서 상당히 오래된 증류소에 속한다.

　현재는 예전 증류방식에 따라 살짝 피트 처리된 스타일의 위스키는 '파운더스 리저브'라는 상품명으로 출시하고 있다. 알코올함량 48%에서 병입되며, 이 정도의 알코올함량은 중간 가격대에 속하는 다른 대다수 위스키보다 높은 편이다. 이렇게 알코올함량이 높은 이유는 잔에 물을 조금만 섞어도 맛이 밋밋해질 것을 우려해서다. 아무튼 이 파운더스 리저브는 몰트 처리된 보리의 풍미가 강하고 내내 시리얼을 연상시키는 풍미가 이어지는 위스키다. 또 알싸한 향과 더불어 시트러스와 캐러멜화 설탕의 향이 인상적이다. 그런가 하면 버터스카치 사탕의 단맛, 몰트 처리된 보리 특유의 풍미가 입안 가득 퍼지기도 한다. 끝맛은 훈훈하고 알싸하다. 이런 끝맛에 더해 두 모금, 세 모금 머금을 때마다 점점 진하게 느껴지는 훈연의 풍미도 있다. 풍미 표현이 뛰어나지만 개인적으로 초보자용 위스키로는 권하고 싶지 않다. 처음 맛보게 되면 몇 번은 잠깐씩 멈칫할 수밖에 없기 때문이다. 하지만 그럼에도 불구하고 높은 알코올함량에서 병입되었다는 점과 몰트 처리되어 오크통에서 숙성된 보리의 풍미에 초점이 맞춰졌다는 점에서 높은 점수를 줄 만한 위스키라고 생각한다.

글렌킨치 디스틸러리

• 설립년도: 1837년

에든버러에서 가장 가까운 곳에 위치한 증류소지만 1980년대 말 유나이티드디스틸러스로부터 상업적 후원을 받기 전까지는 판로도 제대로 확보하지 못했고, 이후 디아지오에 인수되었다. 현재는 이곳에서 생산되는 위스키 가운데 일부가 조니 워커 블렌디드 위스키의 원료로 쓰인다고 알려져 있다. 과거에만 해도 자체적인 명성을 얻지 못했지만 이제는 스카치위스키 애호가들 사이에서 인기가 급속도로 상승하면서 롤런드의 전통적인 풍미 프로필을 갖춘 위스키로 인정받고 있다.

글렌킨치 디스틸러리의 주력 상품은 글렌킨치 12년산이다. 이 위스키는 산뜻한 라임 향과 몰트 특유의 단맛으로 생기 있는 향을 띠고 있다. 미각적으로는 시트러스 풍미가 뚜렷하게 느껴지는 동시에 오렌지의 단맛이 계피의 알싸함과 어우러져 있기도 하다. 끝맛은 길고 드라이하다. 전반적으로 평가하자면 단맛에서 시작해 스파이시함과 드라이함을 거쳐 단맛으로 마무리되는 위스키다.

글렌킨치 12년산은 입문용으로 아주 좋은 위스키다.

글렌킨치 12년산은 입문용으로
아주 좋은 위스키다.

글렌리벳 디스틸러리

• 설립년도: 1824년

1824년 글렌리벳 디스틸러리의 설립자 조지 스미스는 이전까지 불법으로 운영되던 사업을 합법화시켰다가 불법 증류소 소유주들로부터 살해 위협을 받았다. 만약의 경우를 대비해 총까지 구비해놓고 밤낮으로 증류소 밖에 경비원을 세워놓을 정도였다고 한다. 현재 더 글렌리벳은 미국에서 판매 1위를 차지하는 싱글 몰트위스키이며, 프랑스 기업 페르노리카의 소유로 있다.

나는 더 글렌리벳에 복잡하고도 아주 일방적인 감정을 가지고 있다. 글렌리벳 디스틸러리는 다양한 종류의 맛 좋은 위스키를 생산하고 있지만 내 입맛에는 이곳의 인기 상품인 더 글렌리벳 12년산이 그 가격대의 다른 위스키들과 비교해 그다지 뛰어나다고 생각되지 않는다. 첫맛은 만족스럽지만 중반에는 별 풍미가 없고 끝맛은 졸음이 올만큼 잔잔하다. 어떤 위스키 팬이 더 글렌리벳 12년산을 매우 좋아한다고 말하면 나는 얼른 화제를 더 글렌리벳 15년산 프렌치 오크 리저브로 돌린다. 이 15년산은 미묘한 스타일이라 풍미가 강하게 치고 올라오지는 않지만 꽃의 뉘앙스가 깃든 시트러스 풍미의 첫맛과 달달하고 차분한 끝맛 사이에 매혹적인 복합미가 배어 있다.

한편 더 글렌리벳 나두라 16년산은 전반적으로 미묘한 더 글렌리벳의 풍미에서 벗어난 위스키다. 알코올함량 57.7%의 캐스크 스트렝스 위스키이며, 더 글렌리벳의 전통적인 꽃 계열 뉘앙스와 더불어 막 베어 문 사과 같은 풍미를 띠고 있다. 기분 좋은 견과류 풍미와 알싸함이 코에서 먼저 느껴지다가 이어서 입안으로도 퍼진다. 중반의 인상은 꽤 드라이하고 끝맛에서는 단맛과 알싸함이 혀에 기분 좋게 내려앉는다. 배치방식으로 출시되기 때문에 알코올함량과 풍미 프로필이 그때그때 달라지지만 나는 이 위스키를 수년째 매우 즐겨 마시고 있다.

글렌모렌지 디스틸러리

- 설립년도: 1843년

모엣 헤네시 루이비통에 인수된 이후 명품 스카치위스키 브랜드로서의 위상을 이어왔다. 글렌모렌지 위스키는 병 디자인이 비교적 곡선적이고 스타일리시하며, 개인적으로 내 취향에는 맞지 않지만 상대적으로 병 디자인이 투박한 다른 스카치위스키들과 비교해 인정할 만한 가치가 충분하다.

글렌모렌지 디스틸러리는 비전통적인 통으로 추가숙성을 시도했던 선두주자에 속한다.

글렌모렌지 디스틸러리는 위스키의 추가숙성에 비전통적인 통을 사용했던 선두주자에 속한다. 이런 식으로 숙성된 스카치위스키를 셰리나 와인, 포트가 담겼던 통에서 추가숙성하면 최종 위스키에 깊이감이 더해진다. 글렌모렌지 디스틸러리는 이런 추가숙성 기술에서 장인의 경지에 오름으로써 풍미가 풍부하고 이야깃거리가 담긴 상품들을 선보이고 있으며, 이런 위스키들은 스카치위스키를 잘 마시지 않는 사람들 사이에서도 상당한 인기를 누리고 있다.

글렌모렌지 상품은 전체가 다 추천할 만한 위스키다. LVMH는 글렌모렌지를 인수하면서 여러 상품의 브랜드명을 새로 바꿨다. 그중 라산타, 넥타 도르, 퀸타 루반이 핵심상품이며 각 상품은 서로 다른 통(각각 올로로소 셰리 통, 소테른 디저트 와인 통, 포트 통)에서 추가숙성을 거친다. 나로선 글렌모렌지 위스키에 관한 한 난감한 부분은 딱 하나, 다 괜찮아서 즐겨 마실 위스키로 어떤 것을 골라야 할지 모르겠다는 것이다. 정말 고르기 어렵다. 그래서 독자들에게는 지갑 사정이 허락하는 대로 골라서 맛보길 권하고 싶다.

글렌로티스 디스틸러리

• 설립년도: 1879년

스코틀랜드의 수많은 증류소들과 차별화된 독특한 점이 있다. 이 증류소는 숙성년수가 아닌 빈티지에 따라 병입한다. 빈티지 시리즈는 1988이나 2001처럼 위스키가 처음 통에 부어진 연도가 표시되는 위스키다. 따라서 병입 날짜를 기준으로 위스키의 나이를 확인할 수 있지만 그것이 빈티지에 따른 병입의 목적은 아니다. 대다수 위스키는 다양한 연수로 병입된다. 숙성년수 표기 위스키의 경우에도 가령 15년산 위스키는 그 연수보다 어린 위스키 원액이 함유되어서는 안 되지만 대체로 마스터 블렌더들은 특별한 풍미를 끌어내기 위해 해당 연수보다 오래 숙성된 원액을 섞어 넣는다. 마찬가지로 글렌로티스가 빈티지별로 병입하는 목적은 특정 해 동안 통에서 숙성된 위스키의 독특한 풍미 프로필을 선사하려는 것이다. 다른 증류소들도 빈티지 위스키를 출시하지만 대체로 한정판인 데다 아주 고가다.

　지난 몇 년 동안 나는 글렌로티스의 위스키 여러 종을 즐겨 마셔왔다. 글렌로티스의 위스키들은 대체로 진하고 묵직하며 달콤한 데다 산뜻하면서 알싸한 여운이 아주 기분 좋다. 비교적 구하기 쉬운 글렌로티스 위스키 가운데 가장 저렴한 상품으로는 더 글렌로티스 셀렉트 리저브가 있다. 내 입맛에는 너무 단순하고 단 것 같아서 개인적으로 선호하지는 않지만 글렌로티스 나머지 위스키들을 맛보기에 앞서 입문용으로 음미해보기에 좋고 가성비도 뛰어나다. 개인적으로 좋아하는 위스키는 1994 빈티지로, 더 산뜻하고 부드러운 편이며 꿀과 토피의 풍미도 더 진하다. 혹시 매장에 갔다가 눈에 띈다면 1985 빈티지도 아주 뛰어난 위스키이니 맛보길 권한다. 1985 빈티지는 빛깔이 짙은 편이며 말린 과일의 풍미가 강하고 글렌로

이 증류소는 숙성년수가 아닌 빈티지에 따라 병입한다.

티스 디스틸러리 특유의 장점인 알싸한 끝맛을 선사한다.

글렌로티스 위스키는 단순히 뛰어난 위스키를 넘어서 감동적이며, 빈티지 위스키를 대접한다면 친구들에게도 깊은 인상을 남기게 될 것이다.

하이랜드 파크 디스틸러리

• 설립년도: 1798년

혹독하고 모진 지대에 자리 잡고 있는 증류소로 비교적 스코틀랜드 최북단에 위치해 있다. 맥캘란의 소유주이기도 한 에든버러그룹 소유로 풍성한 역사를 자랑하며, 밸런스 좋은 피트 처리 위스키를 생산하는 곳으로 유명하다.

하이랜드 파크의 상품들은 맥캘란처럼 유럽산 오크와 미국산 오크 소재의 셰리통에 주안점을 두고 있다. 상품 전체에 비슷한 풍미가 있지만 숙성년수가 오래된 위스키일수록 최종 위스키 숙성에 퍼스트 필 배럴과 세컨드 필 배럴이 더 많이 사용된다. 또 상품별로 단맛, 알싸함, 훈연 풍미의 정도를 다양하게 조절해 밸런스가 맞춰진다. 스모키하지만 라프로익, 라가불린, 아드벡 같은 전통적인 아일레이 위스

키만큼은 아니다.

하이랜드 파크 12년산은 하이랜드 파크 입문용으로 맛보기에 아주 좋다. 코에서는 불 근처에서 풍겨오는 듯한 스모키한 풍미에 더해 태운 설탕, 시트러스, 크리스마스 케이크 특유의 달달함 같은 풍미가 느껴진다. 또 입안에서는 바닐라, 꿀, 사탕, 훈연의 뉘앙스가 느껴진다. 끝맛은 꽤 스모키하면서 가벼운 알싸함과 캐러멜의 단맛이 혀에 내려앉는다.

하이랜드 파크 18년산은 12년산의 풍미가 강화된 위스키다. 피트 향이 강렬하고 노릇하게 구운 오렌지 껍질과 토피의 향도 느껴지며 시트러스 향이 살짝 감돈다. 미각적으로는 가볍고 부드러운 인상을 주면서 코에서 느낀 훈연 풍미가 입안에서도 이어진다. 첫맛은 기분 좋게 톡 쏘는 시트러스 풍미와 알싸함, 꿀처럼 단맛이 다가온다. 중반에는 캐러멜 같은 단맛이 짭짤한 맛, 훈연 풍미와 밸런스를 이룬다. 끝맛은 알싸함, 단맛, 훈연 풍미가 매혹적으로 어우러지면서 여운을 남긴다.

하이랜드 파크는 위스키에 관심을 갖게 된 이후 줄곧 가까이 해왔던 오랜 친구이며, 하이랜드 파크 12년산과 18년산은 결코 나를 실망시키는 법이 없다.

블렌딩업체: 조니 워커

존 워커는 1800년대 식료품점을 운영하며 블렌디드 위스키를 팔았는데 당시에는 블렌디드 위스키 판매가 합법화되기 이전이었다. 그 무렵에 판매되던 위스키의 대다수는 싱글 배럴 위스키였다. 존 워커는 위스키를 알아보는 안목이 있었고, 그런 안목을 바탕으로 기존의 싱글 몰트위스키를 블렌딩해 자신의 매장에서 판매하면서 손님들에게 인기를 끌었다고 한다. 존 워커는 사망할 때까지 그렇게 식료품점을 운영하며 살았지만 그의 사망 몇 년 후에 위스키 블렌딩이 합법화되었다. 따라서 상징적인 각진 병에서부터 라벨 표기에 이르기까지 사업을 키운 업적은 대부분 그의 아들과 손자의 공이다.

조니 워커만의 독특한 피트 처리 풍미는 연륜이 쌓인 위스키 애주가들이나 가볍게 즐기는 애주가들 모두에게 좋은 점수를 받고 있다. 조니 워커는 1800년대 이후로 소유주가 수차례 바뀌며 한때는 맥주 기업 기네스의 소유로 있다가 결국엔 디

아지오에 인수되었는데, 이는 조니 워커로선 손해될 게 없는 일이었다. 조니 워커 블렌딩의 성패는 통에 담긴 위스키 원액의 품질에 달려 있다. 다시 말해 디아지오 같은 대기업의 계열사가 된다는 것은 이용 가능한 위스키 원액이 훨씬 다양해진다는 의미이므로 조니 워커에겐 오히려 이로운 일이었다.

조니 워커 블랙은 스카치위스키 애호가들에게 사랑받는 위스키다. 애초에 풍부하고 복합적인 풍미로 설계된 위스키는 아니지만 가격적인 측면에서 볼 때 저렴하면서도 스카치위스키의 전통적인 스모키 풍미 프로필을 선사하는 맛 좋은 위스키다. 다만 조니 워커 블루에 비해 약한 것도 사실이다. 그렇다고 해서 조니 워커 블랙을 과소평가하려는 것은 아니다. 조니 워커 블루는 가격이 여섯 배가량 비싸고 절약정신이 투철한 사람이라면 쓸데없는 낭비라고 꼬투리를 잡을지 모르지만 나로선 제값을 하는 위스키라고 생각한다. 나 역시 평상시에는 조니 워커 블루를 자주 못 마시지만 그래도 위스키 진열장에 한 병씩은 꼭 채워놓는다.

조니 워커 블렌딩의 성패는 통에 담긴 위스키 원액의 품질에 달려 있다.

주라 디스틸러리

• 설립년도: 1810년

주라는 스코틀랜드에서 가장 큰 섬에 속하지만 산이 많고 풍토가 척박한 탓에 인구가 희박한 곳이기도 하다. 이 섬의 출신자들 가운데 가장 유명한 인물로는 『1984』의 작가 조지 오웰이 자주 거론되는데 그런 조지 오웰도 이 섬에 대해 교통편이 제대로 갖춰지지 않아 다니기 아주 힘든 곳이라고 묘사한 적이 있다. 이 섬의 최대 주거지로 2001년 인구수가 188명이었던 동해안 지대의 크렉하우스에 주라 디스틸러리가 터를 잡고 있다.

피트 풍미파가 아닌 애주가들에게 잘 맞을 법한 주라 디스틸러리의 상품 가운데 내가 즐겨 마시는 위스키는 주라 슈퍼스티션이다. 주라 슈퍼스티션은 피트 풍미가 약한 스카치위스키로 피티드 위스키 입문용으로 적절한 선택이다. 노즈는 훈연 풍미가 그리 강하지 않으면서 바닐라와 보리의 달달함이 그윽하게 풍긴다. 산뜻한 레몬 향이 싱그럽기도 하다. 미각적으로는 훈연 풍미가 기분 좋게 느껴지고 레몬의 산뜻함, 시리얼의 달콤함, 계피 풍미, 흙내음 배인 풀의 뉘앙스가 전해진다. 끝

주라 슈퍼스티션은 피트 풍미가 약해 피티드 위스키 입문용으로 적절한 선택이다.

맛은 단맛이 쌉싸름함, 기분 좋은 훈훈함과 밸런스를 이룬다. 주라 슈퍼스티션은 피티드 위스키 입문용으로 잘 맞지만 이미 피티드 위스키에 익숙하다면 훈연 풍미가 더 싱싱하고 복합적으로 표현된 주라 프라퍼시를 권한다.

라가불린 디스틸러리

• 설립년도: 1816년

스카치위스키 애호가들 사이에서 인기가 높다. 라가불린을 두고 닉 오퍼먼(《팍스 앤 레크리에이션》에서 론 스완슨을 연기한 배우)은 '모유 같다'고 평가했고, 존 메이어 같은 록스타는 일주일에 한 병씩 비운다고 고백하기도 했다.

아일레이의 남동쪽에 위치한 이 증류소는 아드벡과 라프로익을 이웃으로 두고 있으며, 이들 세 증류소는 따로 떼어놓고 이야기하기가 힘들다. 세 증류소 모두 아일레이의 피티드 위스키에 참신하고 개성 있는 관점을 선보이고 있으면서도 서로

상당히 닮아 있기도 하다.

　단연코 가장 인기가 높은 상품은 16년산이다. 라가불린 디스틸러리는 정기적으로 비슷한 가격대의 12년산 캐스크 스트렝스도 출시해왔다. 이 12년산은 해마다 조금씩 차이가 느껴지며 라가불린의 팬이라면 누구에게나 구매가치가 있는 위스키다. 또 다른 상품으로는 페드로 히메네즈 셰리 통에서 추가숙성을 거치는 더 라가불린 디스틸러스 에디션도 있다. 100% 셰리 통에서 숙성시킨 21년산 등 다른 상품들도 출시되지만 하나하나 열거하다 보면 희귀해서 구하기 힘든 것들이 많다. 라가불린은 열혈팬층을 거느리고 있으며, 이는 오랜 세월 이 증류소가 걸어온 발자취를 가늠케 하는 대목이다. 팬들은 1990년대에 병입된 라가불린을 특히 좋아하는데 그런 이유로 라가불린 위스키는 병입된 해에 따라 가치가 달라진다.

　라가불린은 대다수 피티드 위스키에 비해 빛깔이 더 진하다. 짙은 빛깔은 법적으로 허용된 첨가물인 캐러멜의 도움을 받은 것일 수도 있지만 그렇든 아니든 간에 시각적으로 벌써 기분 좋고 훈훈한 인상을 받게 된다.

라프로익 디스틸러리

- 설립년도: 1815년

논란의 여지가 없는 훌륭한 증류소다.

아드벡이나 라가불린 같은 피티드 위스키의 다른 경쟁주자들이 밸런스 잡힌 풍미에 집중한다면 라프로익은 어떤 위스키를 사서 맛보든 간에 아찔해지는 강한 풍미를 안겨준다. 그중 내가 특히 좋아하는 위스키는 알코올함량 48%에서 병입되는 더 라프로익 쿼터 캐스크다. 이 위스키는 밸런스 따위는 안중에도 없는 피트 풍미의 괴물이지만 밸런스 대신에 만족스러운 깊이감을 느끼게 해준다. 또한 비교적 어린 위스키이고 일반적으로 사용되는 통의 4분의 1 크기의 통에서 숙성되어 오크 풍미가 더욱 진한 편이며, 이 오크 풍미는 알코올의 기운과 훈연 풍미가 강타하고 지나간 후 마침내 맛볼 수 있다.

피트 풍미가 있는 독한 위스키를 마신다면 첫 모금은 아주 조금만 홀짝여 입안을 그 위스키의 강렬함에 적응시켜주길 권한다. 그러면 두 번째 모금에서는 풍미가 보다 풍성하게 입안을 덮어오고, 세 번째 모금에서는 풍미의 깊이가 느껴지기 시작할 것이다. 사람들은 라프로익을 두고 '약을 먹는 것 같다'는 말들도 곧잘 한다. 내 경우엔 라프로익 위스키를 머금으면 시트러스와 더불어 불에 태운 나무 향미가 뚜렷하게 느껴지며 그 단맛은 토피 사탕의 맛이 가장 잘 맞는 비유다. 말하자면 불 속에서 바로 꺼낸 오크에 얹어 녹인 토피 사탕을 핥는 듯하고 여기에 시트러스 향미까지 은은히 감도는 듯한 느낌이다. 더 라프로익 쿼터 캐스크는 가격이 저렴하다. 사람에 따라 취향에 안 맞을 수도 있겠지만 일단 맛을 보며 입맛을 들여보길 권한다. 소중한 관계가 대개 그러하듯 때때로 시간이 필요한 법이다.

라프로익 18년산은 풍미가 복합적이다. 그 풍미를 제대로 음미하기 위해서는 피트 향미에 익숙해져야 하지만 일단 익숙해지면 뿌듯한 만족감을 느끼게 된다. 18년산의 단맛은 술에 절인 체리를 연상시킨다. 중반엔 마치 상한 과일을 머금은 듯 아주 시큼한 맛이 느껴지는 동시에 젖은 풀의 풍미가 길게 이어지기도 한다. 한 친구는 굴의 짭짤함이 느껴진다고 표현했는데 그렇게 말할 만도 하다. 18년산은 매력적인 위스키다. 다만 쿼터 캐스크처럼 제대로 음미하기 위해서는 시간과 노력

소중한 관계가 대개 그러하듯 때때로 시간이 필요한 법이다.

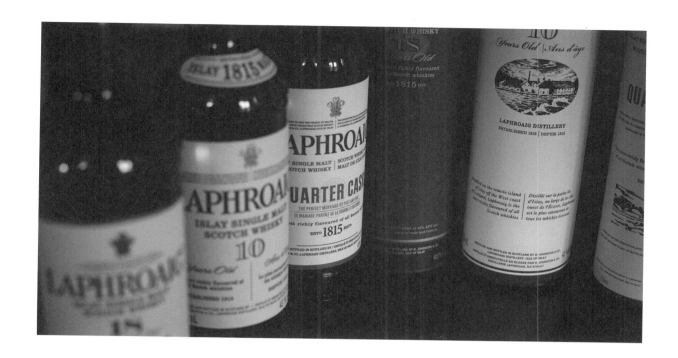

이 필요하다. 사실 나도 수년 전에 처음 맛을 봤을 때는 쓰레기 같다고 생각했을 정도니까 말이다. 입맛은 시간이 지나고 경험이 쌓이다 보면 변하게 되어 있다.

아드벡, 라프로익, 라가불린은 서로 인접해 있는 데다 똑같이 스모키 위스키에 주력하는 점 때문에 자주 비교 대상이 된다. 라프로익의 장점은 돈이 아깝지 않을 만큼 잘 숙성된 고급 위스키를 출시하고 있다는 점이다. 라프로익의 쿼터 캐스크는 다른 브랜드에 비해 저렴해서 진입 문턱이 낮은 편이며 12년산, 특히 18년산은 스타급 인기 위스키다.

더 맥캘란 디스틸러리

• 설립년도: 1824년

더 맥캘란은 으레 명품 스카치위스키로 통하는 브랜드이며, 이런 명성은 한 단계 한 단계 꾸준히 쌓으며 얻어낸 결과물이다.

1900년대 초반 이후 일어난 스카치위스키계의 혁신 가운데 하나는 미국산 오크통의 사용이다. 미국산 오크통을 사용하기 전까지 스카치위스키는 대개 셰리 생산에 사용되었던 유럽산 오크통에 담겨 숙성되었다. 하지만 셰리의 생산량은 급감했고 버번의 생산량은 지속적으로 늘고 있었다. 결국 셰리를 담았던 통이 귀해지자 업계에서는 점차 버번을 담았던 통으로 바꾸기에 이르렀다.

값비싼 고급 스카치위스키라고 하면 사람들은 으레 유럽산 셰리 통에서 숙성된 크리스마스 케이크류의 풍미를 떠올린다.

더 맥캘란 디스틸러리의 차별성이 바로 이 부분에서 발휘된다. 이 증류소는 크리스마스 케이크류의 풍미를 내는 유일한 증류소는 아니지만 이런 풍미에 주력하는 증류소 가운데 가장 명성이 높다. 미국산 오크통과 유럽산 오크통을 병행해 사용하지만 어떤 통이든 증류소로 보내지기 전에 셰리로 채워진다. 또한 퍼스트 필 배럴과 세컨드 필 배럴로 사용을 제한해 두 번까지 쓰고 나면 증류소 밖으로 내보내 재활용 처리한다.

통은 퍼스트 필 배럴과 세컨드 필 배럴이 셰리와 오크의 풍미를 가장 많이 부여해주며 이런 사실은 실제 위스키를 통해서도 뚜렷이 확인된다. 더 맥캘란의 위스

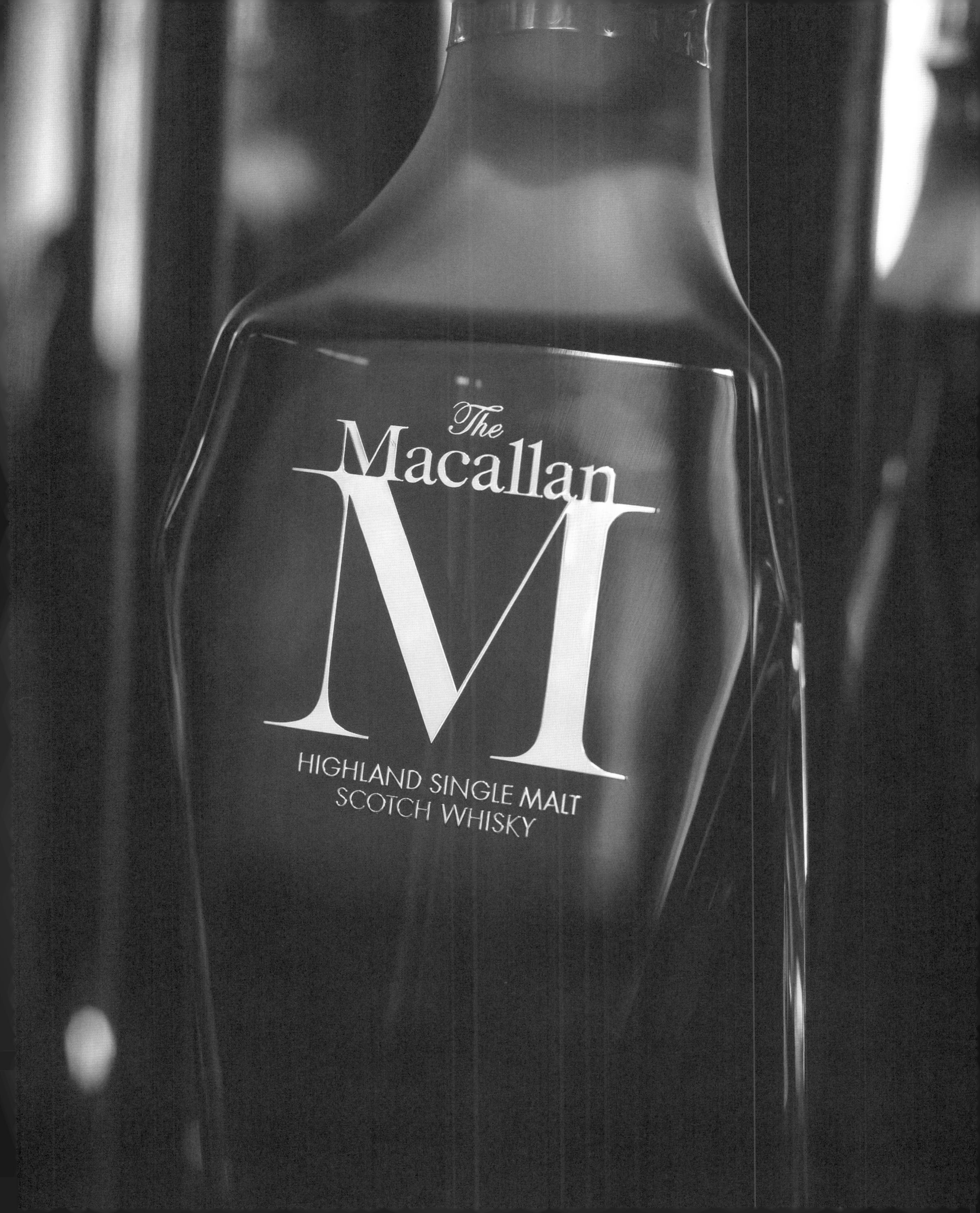
The Macallan
M
HIGHLAND SINGLE MALT
SCOTCH WHISKY

키들은 이런 통 사용에서 차이가 발생한다. 가령 더 맥캘란 골드는 대체로 미국산 오크통과 세컨드 필 배럴의 조합으로 숙성된다. 더 맥캘란 앰버는 주로 유럽산 오크통을 퍼스트 필 배럴로 사용하지만 세컨드 필 배럴과 미국산 오크통도 사용한다. 더 맥캘란 시에나는 미국산 오크통과 유럽산 오크통을 퍼스트 필 배럴로만 쓴다. 마지막으로 더 맥캘란 루비는 유럽산 오크통을 퍼스트 필 배럴로만 쓴다.

더 맥캘란을 비롯해 통상적인 상품 생산에서 퍼스트 필 배럴만을 사용한다는 사실을 강조하는 증류소는 소수에 불과하다. 스코틀랜드의 대다수 증류소들은 통을 수차례 반복 사용하며, 이것이 딱히 나쁜 관행은 아니지만 풍미 프로필에 변화를 일으킬 수 있다.

참고로 미리 알아두어야 할 점을 덧붙이자면, 더 맥캘란은 (미국과 영국시장을 제외하고) 숙성년수 표기가 없는 상태로 상품을 출시해왔다. 그만큼 더 맥캘란은 통 선별의 영향력에 주안점을 두고 있다.

개인적인 취향으로 보자면 더 맥캘란 시에나는 따뜻한 계절에 제격인 위스키다. 여전히 숙성년수가 표기된 맥캘란 위스키를 구입할 수 있는 경우라면 시에나는 더 맥캘란 15년산 파인 오크와 매우 비슷하다고 보면 된다. 톡 쏘면서 강렬한 시트러스 향미와 쌉싸름함이 느껴지고, 중반부터는 미국산 오크통에서 우러난 알싸함이 풍성하게 다가와 끝맛까지 이어지며 긴 여운을 남긴다. 꿀의 향미가 은은히 감도는가 하면 명품 위스키답게 묵직한 풍미도 있다.

고가의 상품인 더 맥캘란 루비는 셰리 통에서만 숙성시킨 스카치위스키의 귀감이라 할 만하다. 내 입맛에는 너무 묵직한 감도 있지만 셰리 통 숙성 위스키의 부드러움을 좋아한다면 이 위스키야말로 최상에 가까운 선택이 될 것이다.

더 맥캘란의 경우 숙성년수보다는 통 선별의 영향력에 주안점을 두고 있다.

오번 디스틸러리

• 설립년도: 1794년

스코틀랜드에서 상당히 오래된 증류소에 속하며 하이랜드 서쪽 해안지대에 자리잡고 있다. 주변을 건물들이 둘러싸고 있는 환경상 확장을 하고 싶어도 할 수 없는 처지라 명성을 얻었음에도 불구하고 스카치위스키 생산량이 비교적 많지 않은 편

이다. 현재는 디아지오의 소유이며, 주로 북미시장에서 많이 판매된다. 이런 판매의 측면에서 보면 오번 디스틸러리는 좀 독특하다. 생산량은 많지 않지만 디아지오의 막대한 배급력 덕분에 전 세계 곳곳에서 구입이 가능하기 때문이다.

바로 앞에서도 이야기했듯이 오번 디스틸러리는 공간이 협소하다. 그래서 이곳의 증류기는 스코틀랜드에서 가장 짧은 축에 들며, 보기 불편할 만큼 건물 안에 비좁게 들어차 있다. 오번 디스틸러리는 발효 과정이 비교적 길게 이루어지는 편이기도 한데 이런 제조방식이 오번 특유의 톡 쏘는 아로마에 큰 몫을 하고 있다. 숙성통으로는 대개 버번 통을 쓰지만 유럽산 셰리 통에서 특별히 추가숙성시킨 디스틸러스 에디션 같은 특상품도 이따금씩 내놓고 있다.

오번 14년산은 매장에서 어렵지 않게 구할 수 있는 위스키다. 이 매력적인 스카치위스키는 피트 풍미가 순하고 바닐라와 셰리 향에 더해 빵 반죽이 연상되는 냄새가 풍긴다. 입안에서는 풍성한 알싸함이 밀려오면서 오렌지와 바닐라의 단맛이 느껴지는 편이다. 밸런스가 기분 좋게 잘 잡혀 있고, 유달리 키가 작은 증류기에서 증류되면서 부여된 특유의 개성도 느껴볼 수 있다.

올드 풀테니 디스틸러리

- 설립년도: 1826년

스코틀랜드 본토 최북단에 위치한 증류소다. 바다와 인접한 데다 초창기에는 육로로 접근이 불가능했던 이유로 '바다 건너온 몰트'라는 별칭을 얻기도 했다. 실제로 증류소 설립 초창기에는 보리를 배에 실어 들여왔고, 생산된 위스키도 통째로 배에 실어 내보냈다. 사람들은 올드 풀테니 특유의 짭짤함이 이렇게 바다 위에서 시간을 보내는 사이에 생겨난 것이라고 생각했다. 풀테니가 터전으로 삼고 있는 마을 윅은 1800년대 초에 들어서면서 점차 청어잡이 어업의 의존에서 벗어났다. 이 증류소가 이름을 따온 윌리엄 풀테니 경은 스코틀랜드의 부유한 변호사이자 한때 하원의원을 지낸 사람으로 당시 이 증류소를 비롯해 청어잡이 어촌의 건축을 지휘했던 인물이다.

올드 풀테니 12년산 싱글 몰트는 이 증류소의 위스키 가운데 가장 인기 높은 상품이다. 100% 버번 통에서 숙성되어 빛깔이 밝은 황금색을 띤다. 노즈의 특징은 가볍고 흙내음이 은은한 편으로, 레몬 특유의 산뜻함과 멀리에서 풍겨오는 듯한 말린 과일의 달달함과 더불어 소금과 청사과의 뉘앙스가 살짝 느껴지기도 한다. 입안에서는 코로 전해지던 청사과의 풍미와 소금의 짭짤한 풍미가 그대로 이어지면서 바닐라 향미가 더해진다. 끝맛에서는 살짝 쌉싸름한 맛이 돌면서 알싸함과 미끈거리는 감촉이 기분 좋은 조합을 이룬다.

스트라스아일라 디스틸러리

- 설립년도: 1786년

- 브랜드: 시바스 리갈Chivas Regal, 로열 살루트Royal Salute, 스트라스아일라Strathisla

가동이 중단된 적 없이 스코틀랜드에서 가장 오랫동안 운영되어온 증류소다. 이곳은 무려 1786년부터 운영되어왔다. 증류소의 원래 이름은 밀타운이었지만 1951년에 시바스브라더스에 인수된 후 브랜드명이 바뀌었다. 스트라스아일라 디스틸러리에서 생산되는 위스키 대다수는 그 유명한 시바스 리갈의 블렌딩 원료로 쓰이며, 이런 이유로 위스키 열혈팬들 사이에서는 '시바스 리갈의 고향'이라는 별명으로 불려지기도 한다. 스트라스아일라 디스틸러리에서 병입되는 싱글 몰트 스카치위스키는 희귀상품이며 그런 이유 때문에 (또 셰리 통 숙성이 연출해낸 풍미 때문에도) 마니아층이 꽤 형성되어 있다. 스트라스아일라 디스틸러리는 위스키를 통째로 병입업체에 팔기도 한다. 고든앤맥패일과 던컨테일러를 위시해 소수의 병입업체가 스트라스아일라 디스틸러리의 위스키를 구매해 정기적으로 스트라스아일라 싱글 몰트 스카치위스키를 출시하고 있다.

이 증류소에서 병입되는 위스키는 대다수가 12년산이다. 12년산은 풍미가 매력적일 만큼 풍부하면서도 그다지 부담스럽지 않다. 가벼운 시트러스와 말린 과일의 향미, 나무의 알싸함, 훈훈한 느낌의 바닐라 계열 뉘앙스가 특징이다. 첫맛과 끝맛 모두 상당히 알싸하며 중반에는 단맛과 함께 태운 설탕과 계피의 알싸함이 느껴진다. 은은한 훈연 풍미도 있으며 한 모금씩 홀짝일 때마다 기분 좋게 톡 쏘는 여운을 남긴다. 한마디로 풍미 표현이 아주 근사하다.

스트라스아일라 디스틸러리는 가동이 중단된 적 없이 스코틀랜드에서 가장 오랫동안 운영되어온 증류소다.

탈리스커 디스틸러리

• 설립년도: 1830년

물은 위스키 제조에 있어 중요한
역할을 차지한다.

스코틀랜드 여기저기를 돌아다니다 보면 금세 느끼게 되는 것이지만 증류소들이
대체로 강이나 호수, 바다 가까이에 몰려 있다. 물은 위스키 제조에 있어 중요한
역할을 차지한다. 그만큼 수원지 가까이에 자리를 잡는 것이 중요하다는 이야기이
며, 그런 점에서 탈리스커 디스틸러리가 스카이섬에 자리 잡은 것은 행운이었다.
스카이섬의 유리한 입지조건을 생각하면 이 증류소가 이 지역의 유일한 증류소라
는 사실이 믿기지 않을 정도다.

탈리스커 디스틸러리는 크녹 난 스페이릭에서 물을 얻는데 이곳은 천연 미네랄
이 풍부한 수원지이며, 그 물줄기가 보리와 피트로도 직접 흘러들어 최종 위스키
에 각별한 풍미를 더한다. 이 증류소에서도 보리를 피트 처리해 사용한다. 백조의
목같이 생긴 파이프 시설도 이 증류소만의 독특한 특징이다. U자형 파이프에서 알

코올 증기가 응축되었다가 다시 백조의 목형 파이프를 타고 내려가면서 추가증류가 이뤄진다. 이런 증류방식 덕분에 탈리스커 위스키가 더 순하고 부드러운 맛을 띠는 것으로 여겨진다.

탈리스커 디스틸러리는 디아지오의 소유이며, 디아지오 소유 증류소들 중에서도 특히 더 성공적인 증류소에 속한다. 이곳에서 생산된 위스키는 대부분 탈리스커 10년산의 원료로 들어가며 특상품인 탈리스커 18년산으로도 출시된다. 18년산은 나도 아직 경험해보지 못했지만 맛을 본 사람들의 말을 들어보면 그야말로 환상적이라고 한다. 그러니 탈리스커 18년산을 맛볼 기회가 생긴다면 어떻게 해서든 꼭 음미해보기 바란다.

탈리스커 디스틸러리의 위스키 중에는 탈리스커 10년산이 단연코 가장 구하기 쉬운 상품이다. 이 피티드 위스키는 시트러스 향이 인상적이며 매혹적이도록 알싸하고 톡 쏘는 느낌과 함께 입안에 살짝 짭짤한 맛을 전해준다. 끝맛은 기분 좋고 달콤하면서도 지나치게 압도적이지 않다.

CHAPTER 9

기타 지역의
위스키들

스코틀랜드, 아일랜드, 캐나다, 일본, 미국 등 5대 생산국을 제외한 지역의 위스키 생산자들은 불리한 요소를 아주 많이 안고 있기 때문에 거대한 위스키 시장에 진출한 것 자체로 그 위스키가 최고임이 증명되었다는 사실을 명심하면 된다. 하지만 안타깝게도 이런 위스키들은 구하기가 쉽지 않다. 이 장에서는 세계적인 배급력을 확보한 증류소 두 곳을 이야기하고자 한다.

암룻 디스틸러리즈

• 설립년도: 1948년

수많은 역경 속에서도 경쟁력 뛰어난 위스키를 생산하고 있는 인도 방갈로르의 위스키 생산업체로 J. N. 라다크리슈나 라오 자그데일이 세웠다. 브랜디, 코냑, 럼, 보드카, 진의 생산에 주력하면서도 위스키로 수많은 상을 휩쓸었다.

인도의 따뜻한 기후에서 위스키를 숙성시키는 일은 만만치 않은 도전이다. 일각의 추산에 따르면 스코틀랜드의 서늘한 기후에 비해 숙성속도가 세 배 더 빠르며, 증발률도 훨씬 높다. 따뜻한 기후에서 숙성되는 위스키는 스카치위스키 특유의 개성을 띠지 못한다는 것이 이전까지의 통설이었지만 암룻 디스틸러리즈가 블라인드 테이스팅을 통해 잘못된 통설임을 수차례 증명해주었다.

2000년대 초반에는 자신들이 생산한 싱글 몰트위스키의 샘플을 유럽 전역에 배포했다. 최초의 반응은 시들했지만 마침내 암룻 퓨전으로 유명세를 떨치게 되었다. 이 위스키는 방갈로르 인근에서 재배되는 피트 처리되지 않은 보리 75%와 피트 처리된 스코틀랜드산 보리 25%로 제조된다. 두 종의 보리는 따로 증류되고 3~5년간 숙성된 이후 미국산 재사용 통에서 합쳐진다.

알코올함량 50%로 병입되는 이 위스키는 지나치다 싶을 만큼 묵직하지 않아서 물을 약간만 희석해 마시는 것을 선호할 수도 있다. 노즈는 순한 편이다. 보리 풍미가 뚜렷하며 시트러스와 약간의 피트 풍미도 담겨 있다. 방갈로르의 뜨거운 공기에서 우러난 오크 풍미가 살아 있고 과일과 아몬드의 기름진 맛도 느껴진다. 끝맛에서는 마멀레이드(오렌지와 태운 설탕) 풍미와 알싸함이 입안을 채운다.

암룻 포르토노바는 우수한 품질의 위스키 개발에 바친 암룻의 끊임없는 헌신을 제대로 증명해주는 위스키다. 미국산 재사용 버번 통과 새 통 사이를 몇 차례 옮겨 다니다가 다시 재사용 버번 통에 담긴 후 마지막으로 커다란 포트 통에서 추가숙성된다. 맛을 보면 아주 어리고 비싼 이 위스키가 알코올함량 62.1%로 병입된다는 사실을 잊게 된다. 숙성년수 미표기 위스키 부문에서 비교해도 뛰어난 상품군에 든다. 블랙베리와 체리 향, 은은하게 풍기는 덜 익은 바나나 향 등 노즈에서 포트의 특성이 물씬 느껴진다. 멀리서 풍겨오는 듯한 시큼한 향미도 있다. 입안에서는 끈적거리는 질감과 불에 태운 오크를 연상시키는 느낌이 전해진다. 묵직하면서 톡 쏘는 맛, (약간 쌉싸름한 맛으로 이어지는) 태운 설탕, 구운 귀리의 기름진 풍미도 느껴진다. 끝맛은 아주 묵직하게 남아 기름진 향미가 서서히 혀를 덮어오면서 톡 쏘는 알싸함의 강도가 높아진다. 이 위스키는 굉장히 드라이해 입안의 모든 수분을 빨아들이면서 더 마시고 싶어 안달하게 만든다.

암룻 인디언 싱글 몰트위스키는 알코올함량 46%로 병입되는 뛰어난 위스키다. 훈연 처리된 보리의 뉘앙스보다는 버번 통 숙성에서 부여되는 보다 전통적인 위스키 풍미에 집중되어 있다. 암룻 디스틸러리즈는 기후에 따른 난관들이 무색할 만큼 뛰어난 품질의 위스키를 생산해내고 있다.

제임스 세드윅 디스틸러리

- 설립년도: 1886년
- 브랜드: 베인스 케이프 마운틴Bain's Cape Mountain, 스리 십스Three Ships

스리 십스

비율은 수수께끼지만 스코틀랜드 위스키와 남아프리카공화국 케이프타운에서 약한 시간 거리 정도 떨어진 곳에서 증류된 위스키를 블렌딩한 것이다.

내가 유일하게 맛본 스리 십스는 5년산 프리미엄 셀렉트다. 저렴한 블렌디드 스카치위스키와 경쟁하기 위한 가격대로 책정되어 있으며 가성비가 탁월하다.

홍차와 허브 특유의 향에 더해 오렌지와 가죽광택제 향기가 느껴진다. 미각적인 느낌은 흥미롭고 복합적이다. 중반에 다가오는 캐러멜과 태운 설탕의 풍미는 비교적 저렴한 블렌디드 위스키에서 흔히 느껴지는 것이지만 식상하지 않다. 첫맛에서는 오렌지의 단맛과 시트러스 계열의 향미와 함께 태운 설탕 맛이 은은하게 느껴지고 오크와 캐러멜 풍미가 풍성하게 퍼진다. 끝맛은 부드럽게 다가오면서 살짝 알싸하고 드라이하다. 한 모금 더 머금고 싶게 애를 태우는 매력이 있다.

PART 3

FINAL THOUGHTS

글을 마무리하며

어떤 위스키를
좋아하세요?

"어떤 위스키를 좋아하세요?" 이런 질문을 받을 때면 대개 라가불린 16년산이라고 답한다. 이 스카치위스키는 진열장에 흔히 비치될 정도로 유명하지는 않지만 질문하는 사람이 들어봤을 가능성이 높을 만큼은 알려져 있기도 한 상품이다.

"피티드 위스키를 좋아하시나 봐요?" 그렇게 답할 때면 돌아오는 질문이다.

"아주 달달한 음식을 먹고 나면 특히 당기죠."

정말이다. 어떤 사람들은 디저트를 먹고 나면 더 달달한 위스키가 생각난다지만 나는 그다지 단맛을 즐기지 않는다. 디저트를 먹고 나면 단맛을 잡아줄 상극적 요소, 즉 단맛에 마비된 내 미뢰를 깨워줄 만한 위스키를 찾게 된다. 그런 용도로는 피트 처리되어 톡 쏘는 풍미 가득한 위스키가 제격이다. 식사 중인 그 레스토랑에 캐스크 스트렝스인 라가불린 12년산이 있다면 더더욱 좋겠지만.

내가 아는 진실이자, 이 책을 쓰면서 재확인하게 된 사실에 따라 솔직히 말하자면 좋아하는 위스키 하나를 딱 정하기란 불가능하다. 그날의 기분과 상황에 따라 잘 어울리는 위스키가 따로 있기 때문이다. 기분에 따라 취향에 따라, 때로는 분위기에 따라 잘 맞는 위스키가 달라진다. 예를 들어 싱글 몰트 스카치위스키는 바비큐 파티에는 그다지 어울리지 않는다.

나는 친구들과 어울릴 때면 버번이나 미국산 호밀 위스키를 즐겨 마신다. 시끌 벅적한 바에서 마실 때는 블레 버번처럼 강한 위스키가 주의를 흐트러지지 않게 해서 좋다. 반면에 하루를 마무리하며 긴장을 풀고 싶은 순간이라면 버번은 너무 자극적으로 느껴진다. 이럴 땐, 특히 책을 보면서 마시고자 한다면 더더욱 버번보다는 아일랜드 위스키에 손이 간다. 레드브레스트를 즐겨 마시는 편이지만 다른 위스키를 고를 때도 있다. 풍미가 있지만 감각을 압도하지 않는 위스키, 즉 그 어떤 풍미도 불쑥불쑥 내 주의를 끌어당기지 않으면서 기분 좋게 해주는 그런 위스키가 좋다. 그래야 풍미를 분석하려 들지 않고 느긋하게 위스키를 즐길 수 있기 때문이다.

싱글 몰트 스카치위스키는 서너 명의 친구들과 마실 때 좋다. 이런 순간에는 예전부터 꾸준히 즐겨온 제조사의 위스키를 주로 고른다. 그 기준에 따라 내가 자주 꺼내드는 위스키는 더 발베니 캐러비언 캐스크다. 사람들이 그 위스키를 마시며 어떤 감응을 느끼게 되든 간에 모두에게 만족감을 주면서도 깊이감과 개성이 느껴지기 때문이다. 하루를 힘들게 보낸 날에는 탈리스커나 하이랜드 파크를 꺼내 든다. 푹 빠져들 정도로 진중함이 남다른 위스키들이기 때문이다. 좀 더 저렴한 편인 조니 워커 블랙도 괜찮다. 친구들을 저녁식사에 초대했을 때는 비교적 달달한 편인 글렌퍼클래스나 글렌드로낙이 대다수 디저트의 맛을 돋우기에 무난하다(하지만 내 경우엔 아드벡이나 라프로익, 라가불린을 택하는 편이다).

이번엔 무진장 비싸고 구하기 힘들기 때문이든, 아니면 다시 생산될 가능성이 희박하기 때문이든 둘 중 어떤 이유로든 희귀상품이 된 위스키 중 한턱 크게 쏘는 셈치고 사서 마셔볼 만한 위스키 이야기를 해보자. 캐나다의 마스터슨스는 내가 전부터 쭉 믿고 마시는 희귀상품 위스키다. 더 발베니 더블우드 17년산, 하이랜드 파크 18년산, 더 맥캘란 15년산, 브룩라디 블랙 아트, 브룩라디 옥토모어, 글렌피딕 디스틸러리 에디션, 포티 크릭 컨페더레이션 오크 리저브, 러셀스 리저브, 조니 워커 블루도 괜찮다. 나는 이렇게 생각거리를 던져주는 위스키에 끌린다.

이런 위스키들이 내 주의를 잡아끄는 이유는 무엇일까? 그 위스키들이 일으켜주는 연상 때문일 수도 있고, 희귀한 상품들이기 때문일 수도 있다.

어느 쪽이든 간에 희귀한 위스키들은 두 가지 면에서 가치가 있다. 먼저 그런 한

희귀한 위스키들은 두 가지 면에서 가치가 있다.

정판이 갖는 한정성이다. 하지만 그것이 다는 아니다. 증류소들은 대체로 이런 한정판 상품의 생산에 더 많은 주의를 기울이면서 위스키 원액의 선별에 있어서도 더 세심한 정성을 들인다.

위스키광들은 위스키를 브랜드뿐만 아니라 상품별로도 평가를 내린다. 예를 들면 이 책에서 다룬 브룩라디 블랙 아트는 버전 2.2인데 확실히 버전 4가 좀 더 안정적이다. 위스키 애호가들 중에는 조니 워커 블랙이 현재 버전에 비해 1990년대 출시 버전이 더 낫다고 주장하는 이들도 있고, 전 버전을 통틀어 1980년대 버전이 제일 떨어진다고 주장하는 이들도 있다. 암룻 퓨전 싱글 몰트위스키는 지금도 여전히 환상적이지만 첫 번째 버전이 아주 조금 더 좋았다.

한편 인간은 본능적으로 새로운 것에 더 끌리기 마련이다.

나는 바로 이런 개념에 따른 메시지를 이 책 전반에 걸쳐 담아놓았다. 즉 더 많은 위스키를 즐기고, 더 많은 위스키를 구매하고, 더 많은 위스키를 비교해보길 바라는 마음을 곳곳에 새겨넣었다. 싫어하는 위스키가 있더라도 다른 사람들이 그 위스키를 즐기는 이유를 찬찬히 이해하려 애써보길 권한다. 위스키 세미나에 참석하거나 위스키 홍보대사들과 이야기해보고 위스키 바와 노련한 직원들이 있는 매장을 찾아다녀보는 것도 좋다. 여행을 떠나면 당신이 사는 지역에서는 구하지 못하는 색다른 위스키가 있는지 주의해서 살펴보기를 권한다. 위스키 업계는 아주 우호적이고 개방적이어서 자신의 경험을 언제든 기꺼이 공유해주는 사람이 있기 마련이다. 그런 장점을 적극 활용하기 바란다.

위스키 진열장을 새로운 위스키로 채워가면서 무난한 위스키, 힘든 날의 위스키, 기쁜 날의 위스키, 친구들과 함께 즐길 만한 위스키, 특별한 순간을 빛내줄 위스키 등등 다양하게 꾸며보길 권한다. 그런 위스키들이 내가 추천한 것들과는 완전히 다를 수도 있지만 그래도 상관없다. 위스키의 세계를 직접 탐험해보면서 각각의 위스키가 안겨주는 감응을 차차 알아가길 바란다.

그리고 누군가 어떤 술을 좋아하냐고 물으면 라가불린 16년산이라고 답하길 권한다. 그 정도면 무난한 답변이 될 테니까. 게다가 라가불린 16년산은 실제로 근사한 위스키이기도 하다.

부디 위스키와 함께 행복한 날들이 이어지길 바란다.

누군가 어떤 술을 좋아하냐고 물으면 라가불린 16년산이라고 답하길 권한다. 그 정도면 무난한 답변이 될 테니까.